CATALOGUE MÉTHODIQUE

DES

ANIMAUX VERTÉBRÉS

QUI VIVENT A L'ÉTAT SAUVAGE

DANS LE DÉPARTEMENT DE L'YONNE

AVEC

LA CLEF DES ESPÈCES ET LEUR DIAGNOSE

PAR

Paul BERT

DOCTEUR EN MÉDECINE, LICENCIÉ ÈS-SCIENCES NATURELLES, LICENCIÉ EN DROIT,

PRÉPARATEUR DU COURS DE MÉDECINE EXPÉRIMENTALE DU COLLÉGE
DE FRANCE,

Membre de la société Philomathique, de la société de Biologie, de la société d'Anthropologie
de Paris, de la société des Sciences historiques et naturelles de l'Yonne,
de la société Médicale de l'Yonne, etc.

PARIS

VICTOR MASSON ET FILS

PLACE DE L'ÉCOLE DE MÉDECINE.

—

M DCCC LXIV.

CATALOGUE

DES ANIMAUX VERTÉBRÉS

DE L'YONNE.

675

Extrait du Bulletin de la Société des Sciences historiques et naturelles de l'Yonne,
1er trimestre 1864).

AUXERRE, IMPRIMERIE DE G. PERRIQUET, RUE DE PARIS, 31.

CE LIVRE EST DÉDIÉ A LA MÉMOIRE DE MON AMI

ACHILLE COLIN,

Membre de la Société des Sciences historiques et naturelles de l'Yonne,

MORT LE 18 FÉVRIER 1855,

VICTIME DE SON ARDEUR A ENRICHIR
LA COLLECTION DES ANIMAUX VERTÉBRÉS DU DÉPARTEMENT,
COLLECTION QU'IL AVAIT FONDÉE.

PRÉFACE.

Lorsque je commençai, en 1855, à m'occuper de la collection des Animaux Vertébrés de l'Yonne, dont le fondateur venait de mourir, je formai le projet de publier un jour cette partie de la Faune de notre département. Le plan que j'avais conçu comprenait la solution d'un grand nombre de problèmes de détail et constituait une véritable monographie ; j'en dirai plus loin quelques mots.

Huit années se sont écoulées ; mais ce temps est trop court et mes observations ont été trop fréquemment interrompues pour que je sois aujourd'hui en mesure de réaliser mon projet. En outre, des occupations d'un autre ordre, et qui réclament tous mes instants, m'enlèvent l'espoir de rassembler jamais des matériaux suffisants : la liste des espèces, seule, me paraît à peu près terminée. Forcé par conséquent de me renfermer dans les limites d'un simple catalogue, j'ai tenté du moins de le présenter sous une forme qui le

rendît d'un usage commode pour tous, sans lui faire perdre
aucun de ses caractères scientifiques, et facilitât pour quelque
autre la complète exécution d'une tâche à laquelle il me
faut désormais renoncer.

C'est pourquoi, au lieu de me restreindre à une sèche
nomenclature, j'ai fait de mon travail une sorte de manuel
qui peut servir de guide dans l'étude d'une des parties les
plus attrayantes, et à coup sûr la plus intéressante pour le
public non scientifique, de l'histoire naturelle de notre
pays. Je suis encore trop voisin de mes débuts zoologiques
pour en avoir oublié les difficultés presque rebutantes, et j'ai
voulu les aplanir, autant qu'il est en moi, à tant d'autres
qu'elles pourraient arrêter. Mon travail s'adresse à tout le
monde, chasseurs, pêcheurs et curieux, et je me suis pro-
posé d'obtenir ce résultat, que les personnes les moins fami-
lières avec les habitudes de la science pussent arriver
rapidement, presque sans efforts et sans notions préalables,
à déterminer les espèces qui se trouveraient entre leurs
mains.

Pour atteindre ce but, je me suis servi du système des
clefs, peu employé en zoologie, au moins pour les animaux dits supérieurs, mais dont les botanistes ont fait un
usage si avantageux. J'indiquerai brièvement, dans une note
spéciale, et la base et le mode d'emploi de ce système qui
simplifie tant les recherches. L'établissement de ces clefs,
pour lesquelles je n'avais presque aucun guide, m'a coûté
beaucoup de soins, et me méritera, je l'espère, quelque
indulgence.

De plus, j'ai fait suivre le nom de chaque espèce d'une
diagnose dans laquelle sont relatés les caractères constants
sur lesquels elle est établie ; à l'occasion, j'y ai ajouté ceux
qui servent à distinguer les sexes, l'âge, l'époque de la cap-

ture. Je me suis attaché dans la rédaction de ces diagnoses comme dans celle des clefs, à éviter ces expressions vagues, ces épithètes sans valeur fixe, ces comparaisons dont les termes manquent, que les commençants s'effraient à juste titre de rencontrer trop souvent, même dans certains livres devenus classiques. Les proportions relatives de différentes parties du corps exprimées, quand cela est possible, sous des formules simples, le nombre de ces parties, la taille des animaux, les colorations tranchées, les formes faciles à définir, tels sont les principaux éléments que j'ai mis en usage; les diagnoses en paraîtront plus sèches, mais elles y gagnent en précision. Parmi ces diagnoses, il en est de fort courtes, d'autres, au contraire, sont presque des descriptions ; leur étendue dépend des chances d'erreur que présente la détermination de l'espèce. Dans quelques cas même, pour des êtres connus de tout le monde, je les ai complétement supprimées (ex : genre Chien); l'utilité pratique expliquera toujours ces défauts d'harmonie.

Enfin, en tête de chacun des grands groupes, Classes, Ordres, Familles, on trouvera un résumé succinct de leur caractéristique. J'ai surtout attaché mon attention à bien définir les catégories primordiales, sans rien omettre d'essentiel, mais aussi sans quitter la définition pour la description ; j'ai tenté de faire pressentir les aperçus nouveaux de la science, en me mettant toutefois en garde contre des indications d'une nature trop spéciale pour un semblable travail : c'est ainsi, par exemple, que j'ai dû laisser de côté les caractères fournis par le système nerveux et la placentation, dont MM. Gratiolet et Milne-Edwards ont tiré un si remarquable parti dans la classification des Mammifères. J'espère que ces définitions condensées seront suffisantes pour donner quelque satisfaction aux esprits désireux de savoir la raison

des choses, et initier ceux qui voudraient s'élever davantage
à la pratique de livres plus complets ; en un mot, qu'elles
vivifieront un catalogue dont la partie scientifique resterait
sans cela pour beaucoup de personnes lettre morte.

Je ne crois pas nécessaire d'entrer dans aucune explication au sujet des classifications employées ici. Je demande
seulement qu'on ne me fasse pas un crime de n'avoir
pas reproduit tous ces genres, tous ces noms, dont certains
naturalistes croient le nombre en rapport direct avec les
progrès de la science. Trop souvent ils m'ont paru confondre
ainsi la nomenclature avec la méthode, et, négligeant les
sages conseils de Cuvier, perdre tous les avantages de l'ad-
mirable système binaire introduit par Linné ; d'un autre côté,
je ne devais pas oublier dans quelles vues j'ai rédigé le
présent travail, auquel tout l'arsenal de la taxonomie moderne
serait pour le moins inutile.

Chaque espèce est désignée sous un nom français et sous un
nom latin, avec citation du créateur de l'espèce ; j'y ai ajouté,
à l'occasion, le nom sous lequel elle est vulgairement connue
dans le pays. Je ne me suis pas occupé de synonymie, indi-
quant seulement, quand il y a lieu, et pour des raisons
pratiques, les désignations adoptées par Buffon et Lacépède,
dont les ouvrages se trouvent dans toutes les bibliothèques.
J'ai cru bien faire de donner, aussi souvent que je l'ai pu,
l'étymologie des noms de genres, de familles, etc., qui sont
autant d'énigmes pour la majorité des lecteurs. De plus, un
vocabulaire présente l'explication de tous les termes scientifiques employés dans le courant de l'ouvrage. Enfin, j'ai
rassemblé dans deux planches un certain nombre de figures
au trait, qui, traduisant pour les yeux certaines définitions
et certaines descriptions, éclaireront toutes les obscurités de
la parole écrite.

J'ai compris dans ma liste, d'après l'usage généralement suivi, non seulement les Vertébrés qui habitent nos contrées pendant lenr vie entière, mais aussi ceux qui les traversent à leurs passages, soit réguliers soit irréguliers, ou que les hasards divers y jettent accidentellement. Mais j'en ai banni tout à la fois les animaux domestiques et ceux importés à l'état libre, tels que le Faisan, exceptant seulement de cette exclusion ceux qui, comme le Surmulot, ont conquis pour ainsi dire par une acclimatation séculaire droit de nature chez nous.

Il ne m'appartient pas d'insister sur l'utilité d'un travail ainsi conçu ; puisse la fréquentation de ce petit livre la démontrer à ceux qui ne la comprennent pas d'abord. C'est là ma plus grande ambition : car je n'ai été soutenu, qu'il me soit permis de le dire, dans un labeur toujours aride, et souvent fastidieux, que par l'espoir de rendre quelque service à ceux qui veulent apprendre, et par suite à la science elle-même. En un mot, dans cette modeste publication, je me suis surtout préoccupé de cette grande vérité que j'aurai présente à l'esprit pendant ma vie entière : que l'enseignement égale la découverte, et qu'il n'y a pas de véritable progrès sans la vulgarisation.

J'espère m'être suffisamment excusé d'une publication sous un certain rapport prématurée ; il me reste à en indiquer rapidement les principales lacunes.

Il est évident, d'abord, que le nombre des espèces inscrites dans ce Catalogue pourra être augmenté ; de nouveaux oiseaux, par exemple, seront sans doute amenés dans notre département par le hasard des vents et des passages, ou à la suite des grands hivers ; mais ces hôtes accidentels, les plus recherchés du collectionneur, sont à coup sûr les moins intéressants pour le naturaliste. Il n'en est pas de même des espèces sédentaires, mais fort rares, non constatées par moi, et qu'un plus heureux rencontrera probablement : tels sont, parmi les Oiseaux, le Cincle ; parmi les Reptiles, la Couleuvre d'Esculape ; parmi les Amphibiens, le Pélobates fuscus, que je n'ai pu voir par corps, mais à la présence desquels j'ai beaucoup de raisons de croire. On accordera plus d'importance encore aux formes spécifiques ou simplement aux variétés constantes véritablement nouvelles, qu'une étude attentive révélera peut-être à quelque chercheur patient ; les groupes des Chauves-souris, des petits Mammifères insectivores et rongeurs, des Reptiles, des Amphibiens, des Cyprins, offrent le plus de chances aux découvertes et méritent le plus d'attirer l'attention.

Mais l'énumération complète des espèces n'est pas le seul problème ni le plus difficile à résoudre. Ce qu'il importe surtout d'établir, c'est comment vivent ces êtres dont l'existence a été constatée, dans quelles conditions ils se présentent à nous.

Les uns sont sédentaires ou ne se déplacent que d'un canton à un canton voisin. D'autres viennent de contrées éloignées et quelquefois inconnues passer la saison chaude et se reproduire dans nos pays ; un grand nombre n'y prennent que des quartiers d'hiver. Il en est enfin qui n'apparaissent que de loin en loin, sans qu'un accident violent, une perturbation apparente puisse toujours expliquer leur présence insolite. Quelles influences, pour la plupart encore mystérieuses, dirigent ces voyages immenses ? Dans quelles circonstances, à quelle époque précise sont-ils exécutés ? Questions du plus haut intérêt auxquelles pourront seules répondre des investigations patiemment poursuivies dans toutes les contrées que visitent ces pélerins de l'air et des eaux.

Notre département présente quatre régions de physionomies bien distinctes : au sud, le Morvan et ses contreforts montagneux, couverts de forêts que nourrit un sol presque partout cristallin ; à l'ouest, la Puisaye, boisée aussi, mais humide, avec ses prairies, ses étangs, ses argiles et ses sables ; au centre, le pays vignoble, formé presque entièrement de collines calcaires arrondies et nues, laissant entre leurs découpures des vallées étroites et tortueuses ; enfin, le Sénonais au nord, où les assises calcaires s'étalent en vastes plaines fertiles en céréales. Ce n'est pas tout : la ligne de faîte qui sépare le bassin de la Loire de celui de la Seine, longe notre frontière du sud-ouest. Cinq rivières principales arrosent le département : l'Yonne,— avec la Cure, le Serain et l'Armançon, ses affluents, et le Loing, affluent direct de la Seine. Ces rivières diffèrent les unes des autres par leur volume, la rapidité de leur cours, la nature minéralogique des terrains qu'elles traversent et par suite la composition chimique de leurs eaux.

Il est manifeste que toutes ces conditions influent sur la répartition géographique des espèces départementales ; de sorte que notre Faune, sous sa forme définitive, devra être dressée en prenant pour base non une circonscription administrative et partant arbitraire, mais les divisions naturelles indiquées par la diversité des régions (1).

---

(1) Un fait dont je dois communication à feu M. Duban, inspecteur des eaux et forêts, me servira d'exemple et indiquera la valeur de cette observation. Les saumons qui remontent l'Yonne ne pénètrent ni dans la Vanne, ni dans l'Armançon, ni dans le Serain ; mais lorsque, au-dessus de Cravant, ils arrivent au confluent de la Cure, ils quittent tous ou presque tous le courant qu'ils avaient suivi, et entrent dans la Cure pour aller pondre dans les ruisseaux descendus du Morvan. Est-ce la composition chimique de l'eau, sa profondeur, sa limpidité, sa rapidité qui les attirent? Je l'ignore et je signale seu-

En résumé, pour ne pas étendre outre mesure cette pré-
face déjà trop longue, on me permettra d'exposer en peu de
mots le plan de la Faune vertébrée du département, tel que je
le conçois, tel que j'aurais voulu pouvoir l'exécuter. Elle
devrait comprendre : 1° la liste nominale des espèces,
avec leur synonymie, méthodiquement distribuées ; 2° la
clef pour arriver à leur détermination ; 3° leur description
complète avec les différences imprimées par l'âge, le sexe,
les saisons, embrassant leurs caractères zoologiques, anato-
miques, biologiques ; pour les oiseaux, la description des
œufs et des nids, l'état des jeunes à l'éclosion, le temps qui
leur est nécessaire pour pouvoir s'échapper du nid, la nourri-
ture des adultes, celle des jeunes, etc. ; 4° l'indication des
contrées du département où l'on rencontre plus fréquemment
chaque espèce, ou en d'autres termes la subdivision de la
Faune par régions naturelles, et pour les poissons par cours
d'eau ; 5° l'époque des migrations régulières ou irrégulières,
des nidifications, etc. ; 6° des renseignements sur l'utilité ou
le danger de certaines espèces, une enquête sur les vipères, etc.

C'est comme je l'ai dit, le plan d'une monographie complète ; or, avec plus de raisons que pour un sonnet, on peut
dire qu'une monographie bien faite vaut seule un long
ouvrage, car elle doit aborder de front les plus difficiles questions ; aussi, pour la parfaire, n'est-ce pas trop d'une vie
entière. Puisse la réalisation de celle-ci tenter quelque homme
jeune, fixé dans le pays, ayant du loisir, et « regardant la
nature d'un œil affectueux et intelligent ! »

Je ne saurais, en terminant, trop remercier M. le professeur

---

lement ce fait intéressant, en faisant remarquer combien il est important d'étudier ces habitudes, ces préférences du poisson, pour diriger
dans ses tentatives la pisciculture qui trop souvent a fait fausse route
à la suite de l'acclimatation.

Milne-Edwards, MM. les aides-naturalistes Florent-Prévost et Pucheran, et M. le conservateur Kiener, de la bienveillance empressée qu'ils ont mise à me faciliter l'étude des collections du Muséum d'histoire naturelle. J'ai aussi les plus grandes obligations à M. Z. Gerbe, préparateur au Collége de France, dont les bons et savants conseils m'ont été si utiles ; je suis heureux de lui donner un public témoignage de ma reconnaissance et de mon attachement. M. Robineau-Bourgneuf, de Saint-Sauveur, qui a mis à ma disposition, avec une grande complaisance, son intéressante collection d'Oiseaux du département, voudra bien accepter tous mes remerciements.

Enfin, je rappellerai ici encore la mémoire du créateur de la collection départementale des animaux vertébrés de l'Yonne, Achille Colin, qui se noya le 18 février 1855 en poursuivant des oiseaux aquatiques dont il voulait enrichir notre Musée. C'est après sa mort seulement que, chargé par la Société des sciences de l'Yonne de continuer son œuvre interrompue, je débutai dans l'étude des sciences naturelles, à laquelle j'ai désormais consacré ma vie. Je n'ai donc fait que remplir un devoir doublement imposé, en inscrivant en tête de ce Catalogue le nom de celui qui en a recueilli les premiers matériaux, et qui aurait été appelé à le dresser lui-même. Je me félicite en même temps d'avoir cette occasion de rendre hommage à un collègue et à un ami dont la nature virile, pleine d'énergie et de loyauté, a laissé des souvenirs vivants encore chez tous ceux qui l'ont connu (1).

---

(1) V. la notice que lui a consacrée M. Déy. (Bulletin de la Société de l'Yonne, séance du 2 décembre 1855).

Auxerre, novembre 1863.

USAGE DE LA CLEF

ET DÉTERMINATION DE L'ESPÈCE.

On divise le Règne animal en Embranchements, ceux-ci en Classes, les Classes en Ordres, les Ordres en Familles et les Familles en Genres que constituent directement les Espèces ou collections d'Individus. Telle est la série hiérarchique dont les termes successifs doivent être bien présents à l'esprit, série qu'il s'agit de parcourir lorsque, un individu étant donné, on veut connaître l'espèce à laquelle il appartient.

La classification scientifique n'a pas pour objet principal de faciliter la recherche d'un nom, mais bien plutôt, une fois ce nom trouvé, d'indiquer, par la place seule de l'être qui le porte, quels sont ses caractères spéciaux et ses affinités, ses analogies et ses différences avec les autres êtres. Cette classification est l'expression de la méthode dite naturelle, et si le but que se propose cette méthode est élevé, son emploi n'est pas toujours des plus commodes pour la solution du problème primordial en zoologie, la connaissance de l'espèce.

Le système des Clefs, que j'ai cru devoir mettre en usage pour diminuer autant qu'il est possible les difficultés de ce problème,

2

est un des modes d'application de la méthode dichotomique. Ce système consiste à mettre sans cesse le lecteur dans l'obligation d'opter entre deux propositions contradictoires, dont l'une est applicable à l'individu qu'il a entre les mains ; et alors, tous les êtres dont les caractères ne sont pas compatibles avec la proposition choisie étant les uns après les autres laissés de côté, on arrive par une série d'éliminations à resserrer de plus en plus le champ des recherches jusqu'à ce qu'on ait enfin atteint la dernière de ces bifurcations successives.

Le naturaliste qui suit une Clef pour arriver à une Espèce, est comparable au voyageur qui suit une route pour arriver à une ville, et qui, à chaque carrefour de chemins, doit choisir entre les voies diverses qui s'ouvrent devant lui ; pour l'un comme pour l'autre, il est d'autant plus important de peser mûrement sa détermination que le point de départ est plus proche et par suite les conséquences de l'erreur plus graves.

Un procédé aussi artificiel n'ayant pour raison d'être que la facilité de son emploi, il est peu utile que les alternatives proposées portent sur des caractères d'une grande valeur ; il suffit qu'elles laissent le moins possible place à l'hésitation. Aussi, tout est bon dans la construction d'une Clef : la taille, la couleur, les détails les moins intéressants du reste, tout, pourvu que la constatation en puisse être faite aisément. Bien plus, lorsque cette Clef, et c'est le cas actuel, ne doit être appliquée qu'à un ensemble d'êtres restreint ; lorsque, par exemple, elle ne doit rencontrer qu'un seul individu comme représentant d'un groupe, il suffit que le caractère sur lequel elle s'appuie convienne à cet individu, alors même qu'il ne conviendrait pas au reste du groupe. On trouvera dans le présent travail plusieurs exemples de cette licence très excusable, car il s'agit avant toutes choses d'arriver *per fas et nefas* à la détermination de l'Espèce.

Du reste, les idées erronnées qu'aurait pu faire naître l'emploi du système seront aisément rectifiées, puisque les grandes catégories (Classes, Ordres, Familles), sont accompagnées d'une définition ; définition succincte, mais suffisante au moins, lorsque l'établissement de ces catégories repose sur des caractères de valeur réelle, lorsqu'elles sont, comme on dit, naturelles.

Voici maintenant quelques observations et quelques conseils.

Lorsque l'une des deux propositions entre lesquelles le lecteur est forcé de choisir est elle-même complexe, il faut se garder d'en isoler chacun des termes; l'animal en litige doit satisfaire à toutes ses parties à la fois, pour pouvoir se l'appliquer et s'engager dans la voie qu'elle ouvre. Si je rencontre, par exemple, une accolade ainsi conçue :

{ Bec plus long que la tête, plus court que le tarse.   A
{ Non. . . . .   B

Il ne suffit pas, pour que je range dans la catégorie A l'oiseau que j'ai entre les mains, qu'il ait le bec plus long que la tête; il faut en même temps que le bec soit plus court que le tarse. Si l'une des deux conditions manque, j'attribuerai mon oiseau à la catégorie B.

Je me suis beaucoup servi des caractères fournis par les dimensions absolues ou relatives du corps entier et de ses différentes parties. Ces caractères, d'une constatation facile, sont en général fixes, et partant excellents; il ne faudrait pas cependant leur demander une exactitude trop rigoureuse. Les longueurs absolues peuvent surtout varier, les proportions relatives sont beaucoup plus constantes, et c'est à elles particulièrement qu'il faudra se rapporter. Cependant le très-jeune âge les modifie parfois : chez les rongeurs du genre Rat, par exemple, la queue est beaucoup plus courte relativement au corps chez les jeunes que chez les adultes; mais il ne peut guère y avoir là de cause d'erreur. On trouvera au vocabulaire (V. *longueur*), la manière de mesurer les longueurs; je rappellerai ici que le chiffre placé à la suite de tous les noms des oiseaux indique la longueur totale depuis le bout du bec jusqu'à celui de la queue; il en résulte que deux oiseaux de même grosseur peuvent être indiqués par deux mesures très différentes. Ainsi la Mésange bleue porte 11 à 12^c, la Mésange à longue queue 15^c,5, et cependant celle-ci est plus petite que celle-là. Je recommande encore, lorsqu'on mesurera les dimensions relatives des rémiges, de s'assurer qu'on n'a pas affaire à un oiseau en mue, car on pourrait être singulièrement induit en erreur.

Je ne saurais trop conseiller aux commençants, pour se familiariser avec ce système, d'y soumettre d'abord des animaux vulgaires, dont la détermination soit bien connue : une Belette, un Merle, un Goujon, etc.; ils arriveront bien vite ainsi à reconnaître du premier coup d'œil les grands groupes, et pourront aller tout droit à la Famille ou même au Genre, sans avoir besoin de passer par la série réglementaire.

Il ne faut pas oublier que la Clef n'est faite que pour les animaux dont la présence a été constatée par moi-même dans le département ; or, il n'est pas douteux, à mon sens, que leur nombre ne doive s'augmenter. Lors donc qu'un lecteur, suffisamment habitué à l'usage de la Clef pour avoir confiance en lui-même, ne pourra arriver à la détermination de quelque vertébré, il devra toujours se demander s'il n'a pas affaire à une Espèce non portée au Catalogue, et alors conserver l'animal, et soumettre ses doutes à quelque personne plus versée que lui dans l'histoire naturelle.

J'ai à peine besoin d'ajouter que cette Clef serait une ressource très infidèle pour la Faune vertébrée d'un autre pays; je n'avais pas qualité pour franchir les limites d'une statistique départementale, et je laisse à des plumes plus autorisées la tâche d'établir des Clefs s'adressant à des contrées plus étendues, à la France entière, par exemple.

En résumé, un débutant qui veut trouver le nom spécifique d'un animal que l'étude préalable des caractères de l'embranchement lui a bien démontré être un animal vertébré, devra suivre la marche suivante : consulter la Clef des Classes et relire les caractères de la Classe choisie avant de passer à la Clef des Ordres; en faire autant pour l'Ordre auquel celle-ci aura conduit, avant de prendre la Clef des Familles, etc. — Enfin, arrivé à l'Espèce, il examinera attentivement la diagnose, qui confirmera sa détermination ou lui signalera son erreur, et qui, s'il y a lieu, lui permettra de reconnaître le sexe de l'animal, son âge, et même parfois la saison

pendant laquelle il a été pris; les indications relatives à la fré-
quence ou à la rareté de l'Espèce et à l'époque de sa présence
dans nos pays, fourniront souvent d'utiles renseignements.

Prenons un exemple :

Je suppose que j'aie en main un de ces petits quadrupèdes aquatiques, connus sous le nom vulgaire de *tas*, qui infestent nos eaux
dormantes, et qu'il s'agisse de l'espèce la plus commune, celle
dont le dos est chagriné et le ventre orangé avec des taches
noires.

En prenant la Clef des Classes je vois d'abord que cet animal,
n'ayant ni poils ni plumes, n'est ni un Mammifère ni un Oiseau;
le *non*, que je suis forcé de choisir, me renvoie à l'accolade
nº 2, et, en examinant chacune des trois indications que celle-ci
embrasse, je m'aperçois aisément, par la nudité complète de la
peau, que j'ai affaire à un Amphibien, classe IV des Vertébrés.
La définition de cette classe confirme cette opinion. Passant
ensuite à la Clef des Ordres, il m'est facile de voir successivement
que ma petite bête, — ayant une queue, — une tête de grosseur
moyenne, distincte du corps, — mais pas de houppes branchiales
flottant sur les côtés du cou, — est un Amphibien urodèle, et
un Urodèle adulte, ce qui est en rapport avec la définition de
l'Ordre des Urodèles. Celui-ci ne contenant qu'une Famille, les
Salamandridés, dont les caractères conviennent à notre Amphibien,
j'arrive à la Clef des Genres, et l'hésitation n'est pas possible, car
notre Salamandridé a manifestement la queue comprimée. Il appartient donc au Genre Triton. Quel est maintenant son nom spécifique? D'abord, c'est un Triton proprement dit, c'est-à-dire à
peau chagrinée, et son ventre ayant des taches noires, la Clef des
Espèces me dit qu'il est le Triton à crête (*T. cristatus*, Laur.),
détermination que corrobore la lecture de la diagnose spécifique.
Celle-ci m'apprend en outre que mon individu, qui porte sur le
dos une belle crête découpée, est un Triton mâle pris durant la
saison des amours.

Telle est la longue filière de recherches par laquelle devront
passer les commençants; mais bientôt leur tâche se simplifiera, et

après un petit nombre de déterminations ils apprendront à marcher plus directement au but.

———

SIGNES ET ABRÉVIATIONS.

♂ Mâle ; — ♀ Femelle ; — ⚲ Jeune de l'année.

C.C.C. Extrêmement commun. — C.C. Très commun. — C. Commun. — A. C. Assez commun.

A.R. Assez rare. — R. Rare. -- R.R. Très rare. — R.R.R. Extrêmement rare.

SÉD. — Espèce sédentaire (ex : Perdrix), ou ne faisant qu'augmenter en nombre à certaines saisons (ex : Alouette).

NID. — Espèce qui vient seulement pour la nidification (ex : Caille).

D.P. — Espèce de double passage, au commencement et à la fin de l'hiver (ex : Grue).

ACC. — Espèce dont la présence dans le département est tout-à-fait accidentelle (ex : Goëland).

EMBRANCHEMENT DES VERTÉBRÉS.

EMBRANCHEMENT

DES VERTÉBRÉS.

CARACTÈRES. — Animaux composés de deux séries semblables de parties qui se répètent symétriquement par rapport à un plan médian droit. Jamais plus de quatre membres, se mouvant, ainsi que les mâchoires, dans le sens antéro-postérieur. Non articulés extérieurement. Squelette caché sous la peau.

Système nerveux central situé tout entier au-dessus de l'appareil digestif; ce système est composé d'un axe longitudinal (moelle épinière), renflé à son extrémité antérieure (encéphale), et que protège un étui (colonne vertébrale) divisé dans l'immense majorité des cas en segments (*vertèbres*), le plus souvent ossifiés. — Sexes (sauf une exception) (1) séparés. — Tube digestif muni de deux

_____

(1) Présentée par un poisson.

ouvertures fort éloignées l'une de l'autre. — Sang contenant des globules colorés ; système circulatoire possédant un appareil d'impulsion (cœur), qui toujours envoie le sang au moins à l'appareil respiratoire, appareil dont l'ouverture est en rapport avec la partie antérieure du tube digestif (1).

CLEF DES CLASSES.

1	Corps revêtu de poils	*Mammifères*, I.
	Corps revêtu de plumes	*Oiseaux*, II.
	Non	2
2	Peau donnant naissance à de véritables écailles isolées; des nageoires	*Poissons*, V.
	Non	3
3	Peau mamelonnée, recouverte d'un épiderme épais formant de fausses écailles continues	*Reptiles*, III.
	Peau nue, humide	*Amphibiens*, IV.

———

CLASSE I.

MAMMIFÈRES

(de *mamma*, mamelle ; *ferre*, porter).

CAR. — Vertébrés revêtus plus ou moins complétement de poils. Membres au nombre de quatre, ou de deux par disparition des membres postérieurs, et terminés par un, deux, trois, quatre ou cinq doigts.

Ils mettent au monde des petits vivants et les nourrissent par des mamelles.

Leur respiration pulmonaire, leur circulation double et complète, entretiennent leur corps à une température indépendante de celle des milieux ambiants. Ce sont les seuls vertébrés qui présentent souvent des circonvolutions à leur cerveau.

_____

(1) Je n'ignore pas que l'*Amphioxus* fait exception à la plupart de ces caractères ; mais je n'ai pas à m'occuper de cet étrange animal.

ORDRE I.

CHIROPTÈRES

(de χείρ, main ; πτέρυξ, aile.)

CAR. — Membres antérieurs transformés en organes de vol, par le développement d'une membrane entre les doigts (hormis le pouce) extrêmement allongés. — Deux mamelles pectorales. — Série dentaire complète. — Dents molaires hérissées de pointes.

FAMILLE UNIQUE.

VESPERTILIONIDÉS.

Vespertilionidés, du Genre *Vespertilio*, VESPERTILION.

CAR. — Phalange unguéale manquant à tous les doigts de l'aile.

---

(1) Je rappelle une dernière fois que la clef n'a rapport qu'aux animaux de notre faune sauvage, et que les caractères sur lesquels elle s'appuie ne sont pas toujours généraux.

GENRE I. — **Vespertilion** (*Vespertilio*).

Vespertilio, nom latin des Chauves-Souris ; de *vesper*, soir.

PREMIÈRE DIVISION : Oreilles ne se rejoignant pas sur le milieu de la tête : VESPERTILIONS.

ESPÈCES.

1 { Des poils raides au bord de la membrane inter-
    fémorale . . . . *V. Natterer*, IV.
    Non 2

2 { Oreillon en forme de hache . . . . *V. Noctule*, II.
    Non 3

3 { Oreillon en couteau droit 4
    Oreillon en couteau coudé 6

4 { Oreille plus longue que la tête . . . . . . *V. Murin*, I.
    Oreille plus courte que la tête 5

5 { Parties inférieures d'un brun-roussâtre . . . . *V. à moustaches*, VII.
    Parties inférieures d'un gris-cendré . . . . . *V. de Daubenton*, VI.

6 { Envergure dépassant 30 centimètres . . . . . *V. Sérotine*, III.
    Envergure n'atteignant pas 20 centimètres . . . *V. Pipistrelle*, V.

1. — 1. V. MURIN (*V. murinus*, Lin.).
Enverg., 42c. — 38 dents. Oreillon en couteau pointu. Longueur de l'oreille 24mm, de la 1re phalange (1) du médius (2) 20mm, de la jambe 26mm. — C. C.

2. — 2. V. NOCTULE (*V. noctula*, Schreb.).
Enverg., 38c. — 32 dents. Oreillon en forme de couperet. Oreille 12mm, 1re phal. 19mm, jambe 19mm. — A. C.

3. — 3. V. SÉROTINE (*V. serotinus*, Schreb.).
Enverg., 38c. — 32 dents. Oreillon en couteau coudé. Oreille 14mm, 1re phal. 18mm, jambe 23mm. Se distingue encore de la Noctule par le poil long et frisé de son dos. — R.

4. — 4. V. NATTERER (*V. natterer*, Kuhl.).

---

(1) Les os qui constituent la paume de la main des autres mammifères (métacarpiens) étant libres chez les chauves-souris, la 1re phalange semble être la 2e.
(2) Le médius est le 2e grand doigt de l'aile, car le pouce est libre et réduit presque à un crochet.

Enverg., 24ᶜ. — 38 dents. Des poils courts et raides sur le bord libre de la membrane interfémorale. Oreille 14ᵐᵐ, 1ʳᵉ phal. 15ᵐᵐ, jambe 17ᵐᵐ.— R.

5. — 5. V. PIPISTRELLE (*V. pipistrellus*, Schreb.).
Enverg., 17ᶜ. — 34 dents. Oreillon en couteau coudé. Oreille 9ᵐᵐ, 1ʳᵉ phal. 10ᵐᵐ, jambe 12ᵐᵐ.— C.

6. — 6. V. DE DAUBENTON (*V. Daubentonii*, Leisler.).
Enverg., 24ᶜ: — 38 dents. Oreillon en couteau droit. Oreille 11ᵐᵐ, 1ʳᵉ phal. 12ᵐᵐ, jambe 17ᵐᵐ.— R.

7. — 7. V. A MOUSTACHES (*V. mystacinus*, Leisler.).
Enverg., 22ᶜ. — 38 dents. Oreillon en couteau droit. Oreille 12ᵐᵐ, 1ʳᵉ phal. 10ᵐᵐ, jambe 14ᵐᵐ.— R.

DEUXIÈME DIVISION : Oreilles réunies par leur base sur le milieu de la tête : OREILLARDS.

ESPÈCES.

Oreilles plus courtes que la tête.	*V. Barbastelle*, VIII.
Oreilles plus longues que la tête	*V. Oreillard*, IX.

8. — 8 V. BARBASTELLE (*V. Barbastellus*, Gmel.).
Enverg., 27ᶜ. — 20 molaires. Oreilles plus courtes que la tête. — R. R.

9. — 9. V. OREILLARD (*V. auritus*, Linn.).
Enverg., 25ᶜ. — 22 molaires. Oreilles beaucoup plus longues que la tête. — C. C.

GENRE II. — **Rhinolophe** (*Rhinolophus*)

(de ῥίς, ῥινός nez ; λόφος, panache, plumet.)

ESPÈCES.

Envergure dépassant 30 centim	*Rh. Grand fer à cheval*, I.
Envergure n'atteignant pas 30 cent. . .	*Rh. Petit fer à cheval*, II.

10. — 1. RH. GRAND FER A CHEVAL (*Rh. unihastatus*, Geoff.).
Enverg., 38ᶜ. — Oreille 19ᵐᵐ, 1ʳᵉ phal. 17ᵐᵐ, jambe 25ᵐᵐ, avant-bras 55ᵐᵐ. En grande abondance dans les grottes d'Arcy-sur-Cure.

11. — 2. RH. PETIT FER A CHEVAL (*Rh. bihastatus*, Geoff.).
Enverg., 25ᶜ. Oreille 16ᵐᵐ, 1ʳᵉ phal. 14ᵐᵐ, jambe 18ᵐᵐ, avant-bras 36ᵐᵐ. — R. R.

ORDRE II.

INSECTIVORES.

CAR.— Doigts terminés par des ongles.— Série dentaire complète. — Canines peu prononcées. — Molaires hérissées de pointes.

FAMILLES.

1 { Corps couvert de piquants. . . . . *Erinacéidés*, I.
  { Non. 2

2 { Pattes antérieures transformées en pioches . . *Talpidés*, II.
  { Non. . . . . *Soricidés*, III.

FAMILLE I.

ÉRINACÉIDÉS.

Erinacéidés, du Genre *Erinaceus*, HÉRISSON.

CAR. — Corps couvert plus ou moins complétement de piquants.

GENRE UNIQUE. — **Hérisson** (*Erinaceus*).

Erinaceus, nom latin du Hérisson ; de ἐρινεός, cactus qui est armé de piquants; ou corruption de ἐχίνος, hérisson.

12. — H. COMMUN (*E. europæus*, Linn.).
Les deux espèces dites à nez de chien et à nez de cochon n'en forment qu'une, laquelle a un nez de hérisson. — C. C.

FAMILLE II.

TALPIDÉS.

Talpidés, du Genre *Talpa*, TAUPE.

CAR. — Corps couvert de poils. — Yeux très-petits. — Pattes antérieures énormes, et converties en pelles ou en pioches.

GENRE UNIQUE. — **Taupe** (*Talpa*).

Talpa, nom latin de la Taupe; de τυφλός, aveugle, parce qu'on la croit à tort aveugle (?)

13. — T. COMMUNE (*T. europœa*, Linn.).
Les variétés isabellines sont assez fréquentes. — C. C. C.

FAMILLE III.

SORICIDÉS.

Soricidés, du Genre *Sorex*, MUSARAIGNE.

CAR. — Corps couvert de poils. — Membres antérieurs établis sur le même type que les postérieurs.

GENRE UNIQUE. — **Musaraigne** (*Sorex*)

(de ὕραξ, *sorex*, noms grec et latin de la Souris, qui ressemble beaucoup aux musaraignes. Vulg. MUSAIGNES, MUSETTES).

PREMIÈRE DIVISION : Pointes de toutes les dents colorées en jaune-rougeâtre. Oreilles plus courtes que le poil. Pelage velouté analogue à celui de la taupe. Queue quadrilatère ou comprimée, à poils égaux.

ESPÈCES.

1 { Teinte du dos tranchant nettement sur celle
   du ventre . . . . *M. d'eau*, II.
   Non. 2

2 { Queue quadrilatère, terminée en pointe . . . *M. carrelet*, I.
   Queue comprimée, terminée en rame . . . . *M. porte-rame*, III.

14. — 1. M. CARRELET (*S. tetragonurus*, Hermann.).
   Corps 6ᶜ,5, queue 3ᶜ,5. — Queue presque carrée. Brun-noirâtre dessus, cendré dessous ; une ligne rousse le long des flancs. — R.

15. — 2. M. D'EAU (*S. fodiens*, Pallas).
   Corps 8ᶜ,5 ; queue 6ᶜ. — Queue comprimée. Dos noir, tranchant nettement sur le ventre blanc. — R.

16. — 3. M. PORTE-RAME (*S. remifer*, Et. Geoff.).
   Corps 8ᶜ, queue 6ᶜ. — Queue comprimée. Dos d'un brun-noir se confondant insensiblement avec le cendré du ventre. — R.

DEUXIÈME DIVISION : Toutes les dents blanches. Oreilles plus longues que le poil. Pelage non velouté. Queue arrondie, portant de longs poils isolés.

1 } Queue au moins moitié de la longueur du corps. *M. commune*, IV.
  } Queue au plus un tiers de la longueur du corps. *M. leucode*, V.

17. — 4. M. COMMUNE (*S. araneus*, Schreb.).
      Corps 7ᶜ, queue 3ᶜ,5. — Pelage gris dessus, cendré dessous. — C.

18. — 5. M. LEUCODE (*S. leucoden*, Herm.).
      Corps 8ᶜ, queue 2ᶜ,5. — Dessus cendré-noirâtre, tranchant nettement avec le dessous blanc.

ORDRE III.

CARNASSIERS.

CAR. — Doigts terminés par des ongles. — Série dentaire complète; canines puissantes; molaires tranchantes, dont une, beaucoup plus développée que les autres, prend le nom de *carnassière* et est souvent suivie d'autres molaires dites *tuberculeuses*.

FAMILLES.

1 { Quatre doigts seulement aux membres posté-
   { rieurs. 2
   { Cinq doigts à tous les pieds. . . . . *Mustélidés*, I.

2 { Ongles rétractiles . . . . *Félidés*, III.
   { Ongles non rétractiles. . . . . *Canidés*, II.

FAMILLE I.

MUSTÉLIDÉS.

Mustéildés, du Genre *Mustela*, MARTE.

CAR. — Marche plantigrade ou semi-plantigrade. — Membres courts; cinq doigts à tous les pieds; corps allongé. — Une seule tuberculeuse derrière la carnassière d'en haut.

1 { Pieds palmés. Queue applatie horizontalement. *Loutre*, III.
{ Non 2

2 { Corps médiocrement allongé. Marche tout à fait
{   plantigrade . . . . *Blaireau*, I.
{ Corps très-allongé. Marche semi-plantigrade . . *Marte*, II.

GENRE I. — **Blaireau** (*Meles*)

(de μέλις, *meles*, Blaireau ; de μέλι, miel, à cause du goût de cet
animal pour le miel.)

19. — B. COMMUN (*M. taxus*, Schreb.).
Gris dessus, noir dessous ; sur la tête, trois bandes
blanches et deux noires. — Je fais pour le nez du
blaireau la même observation que pour celui du
hérisson. — A. R.

GENRE II. — **Marte** (*Mustela*).

Mustela, nom latin de la Belette ; de μῦς, souris, et τηλε, loin ;
rat allongé.

1 { Ventre blanc 2
{ Non 3

2 { Bout de la queue noir. . . . . *M. hermine*, v.
{ Queue entièrement fauve . . . . *M. belette*, vi.

3 { Une tache blanche au bout du museau. . . . 4
{ Non 5

4 { Dessous du cou noir . . . . *M. putois*, iv.
{ Dessous du cou fauve . . . . *M. vison*, iii.

5 { Dessous du cou blanc . . . . *M. fouine*, i.
{ Dessous du cou jaune clair . . . . . . *M. commune*, ii.

20. — 1. M. FOUINE (*M. foina*, Linn.).
Longueur totale 75ᶜ environ. — Duvet gris-clair, avec
de longs poils roux-isabelle. Gorge blanche. — R.

21. — 2. M. COMMUNE (*M. martes*, Linn.).
Ressemble à la fouine par la taille et le pelage ;
s'en distingue par sa gorge jaune. — C.

22. — 3. M. PUTOIS (*M. putorius*, Linn.).
Longueur 50ᶜ environ. — Duvet jaunâtre-clair ;

longs poils blancs à la racine, noirs dans le reste de leur longueur. Gorge noire. — C.

23. — 4. M. VISON (*M. vison*, Linn.).

Taille du putois. — Entièrement brun-fauve, poils et duvet, avec une tache blanche, comme le putois, au museau. Je n'ai vu qu'une peau saignante encore de cet animal, apportée du fond de la Puisaye. Son existence dans le bassin de la Loire est aujourd'hui incontestable. — R. R. R.

24. — 5. M. HERMINE (*M. herminea*, Linn.). Vulg. *Roussette*.

Longueur 35ᶜ. — Rousse en été, blanche en hiver; bout de la queue noir en tout temps. — R.

25. — 6. M. BELETTE (*M. vulgaris*, Linn.).

Longueur 20ᶜ. — Fauve dessus, blanche dessous. — C. C.

Genre III. — **Loutre** (*Lutra*).

Lutra, nom latin de la Loutre; de *lutum*, boue, vase.

26. — 1. L. COMMUNE (*L. vulgaris*, Erxl.).

Entièrement fauve, avec le dessous du cou blanchâtre. — A. R.

FAMILLE II.

CANIDÉS.

Canidés, du Genre *Canis*, Chien.

Car. — Marche digitigrade. — Membres allongés; cinq doigts aux pieds de devant, quatre à ceux de derrière. — Deux tuberculeuses derrière la carnassière d'en haut.

Genre Unique. — **Chien** (*Canis*).

κύων, κύνος, *canis*, chien.

Première Division : Pupilles rondes : Chiens proprement dits.

27. — 1. C. LOUP (*C. lupus*, Linn.). — R.

DEUXIÈME DIVISION : Pupilles verticales : RENARDS.

28. — 2. C. RENARD (*C. vulpes*, Linn.). — C.

Je suis parfaitement convaincu que le renard rouge, le renard charbonnier et le renard buissonnier ne forment qu'une seule et même espèce, car on trouve toutes les colorations intermédiaires.

FAMILLE III.

FÉLIDÉS.

Félidés, du Genre *Felis*, CHAT.

CAR. — Marche digitigrade. — Membres allongés; cinq doigts aux pieds de devant, quatre à ceux de derrière. — Tuberculeuses nulles ou rudimentaires. — Le plus souvent, ongles rétractiles, langue hérissée et pupilles verticales.

GENRE UNIQUE. — **Chat** (*Felis*).

Felis, nom latin du Chat.

29. — C. SAUVAGE (*F. cattus*, Linn.).

Gris, avec des bandes longitudinales noires sur le dos, et d'autres transversales sur les pattes et la queue. — R. R.

————

ORDRE IV.

RONGEURS.

CAR. — Doigts terminés par des ongles. — A chaque mâchoire deux grandes incisives à croissance continue, séparées des molaires par un intervalle ou *barre*; pas de canines. Extrémités postérieures beaucoup plus longues que les antérieures.

FAMILLE I.

CLAVICULÉS.

CAR. — Deux incisives seulement à la mâchoire supérieure. — Clavicules bien développées, aidant ces animaux à se servir de leurs pattes antérieures comme de mains.

GENRE I. — **Écureuil** (*Sciurus*).

σκίουρος, *sciurus*, Écureuil; de σκία, ombre, et οὐρά, queue;
(qui se met à l'ombre sous sa queue).

30. — E. COMMUN (*S. vulgaris*, Linn.).
Chez certains individus la queue est presque noire.
— C. C.

GENRE II. — **Loir** (*Myoxus*)

(de μῦς, μυὸς, rat; et ὀξύς, vif ou rusé.)

31. — 1. L. ORDINAIRE (*M. glis*, Linn.).
Longueur totale 30°. — Queue touffue sur toute sa longueur. Pelage gris-cendré. — Forêts. — R. R. R.

32. — 2. L. LÉROT (*M. nitelus*, Gmel.). Vulg. *Loir.*
Longueur totale 22°. — Queue touffue seulement à l'extrémité. Dos d'un gris roux. Ventre blanc-jaunâtre. Une bande noire sur l'œil. — Vergers. — A. C.

33. — 3. L. MUSCARDIN (*M. avellanarius*, Linn.).
Longueur totale 13°. — Queue garnie de poils distiques, avec un bouquet de longs poils à l'extrémité. Pelage blond fauve, plus clair en dessous. — Bois. — R. R.

GENRE III. — **Rat** (*Mus*)

μῦς, *mus*, noms grec et latin du rat.

ESPÈCES.

1 {	Taille du rat	2
	Taille de la souris	3
2 {	Pelage noirâtre	*R. noir*, II.
	Pelage roussâtre en dessus . . .	*R. surmulot*, I.
3 {	Pelage gris en dessus	*R. souris*, III.
	Pelage fauve en dessus	4
4 {	Oreilles allongées, nues	*R. mulot*, IV.
	Oreilles arrondies, poilues . . .	*R. des moissons*, V.

34. — 1. R. SURMULOT (*M. decumanus*, Pall.). Vulg. *Rat gris*, et aussi par confusion *Rat d'eau.*
Longueur du corps 22°, de la queue 19°. — Pelage gris-roussâtre. — Se distingue du rat d'eau (*arvicola amphibius*), dont il a souvent les habitudes aquatiques, par ses yeux grands, son museau allongé, sa queue longue et écailleuse. — Originaire de l'Inde, importé en France vers 1730. — C. C.

35. — 2. R. NOIR (*M. Rattus*, Linn.).
Corps 19°, queue 20°. — Pelage cendré-noirâtre. Variétés albines assez fréquentes. — Tend à disparaître, détruit par le surmulot. — C. C.

36. — 3. R. SOURIS (*M. musculus*, Linn.). — C. C. C.

37. — 4. R. MULOT (*M. sylvaticus*, Linn.).

A peu près de la taille de la souris (c'est-à-dire environ 20^c, dont moitié pour la queue) ; s'en distingue toujours par ses pieds blancs et la teinte blanche de son ventre, tranchant sur le gris-fauve du dos ; tandis que la souris a les pieds grisâtres et le dessous du corps cendré, passant insensiblement au roussâtre du dessus. — C. C.

38. — 5. R. DES MOISSONS (*M. minutus*, Pall.).

Longueur 13^c, dont moitié pour la queue. — Fauve jaunâtre en dessus, blanc en dessous. Oreilles arrondies, velues, dépassant peu le poil. — Suspend son nid dans les moissons. — R.

GENRE IV. — **Campagnol** (¹) (*Arvicola*).

Arvicola, laboureur ; de *arvum*, champ ; *colere*, habiter.

			ESPÈCES.
1 {	Taille du rat noir, environ		*C. amphibie*, I.
	Taille de la souris, environ		2
2 {	Queue au moins égale à la moitié du corps . .		*C. roussâtre*, IV.
	Queue plus courte que la moitié du corps . . .		3
3 {	Pieds cendré-foncé		*C. des prés*, II.
	Pieds blanc-jaunâtre		*C. des champs*, III.

39. — 1. C. AMPHIBIE (*A. amphibius*, Linn.). Vulg. *Rat d'eau*.

Corps 17^c, queue 10^c. Pelage brun-roussâtre. Bords des eaux. — C.

40. — 2. C. DES PRÉS (*A. subterraneus*, Selys.).

Corps 9^c, queue 2^c,5. — Oreilles cachées par le poil, presque nues. Diamètre du globe de l'œil 1^{mm}. Robe gris-ardoise, avec l'abdomen cendré. — R.

41. — 3. C. DES CHAMPS (*A. arvalis*, Lin.).

Corps 10^c,5, queue 3^c. — Oreilles plus longues que

---

(1) Les Campagnols, les Rats, les Musaraignes, les Vespertilions, présentent des variations considérables dans le pelage, ce qui en rendrait fort utile une collection très-nombreuse. Il est probable qu'on y rencontrerait des espèces autres que celles énumérées ci-dessus, et peut-être même quelque type nouveau.

le poil, velues. Yeux plus grands que chez le précédent : 2ᵐᵐ. Robe d'un gris plus ou moins fauve.— C.

42. — 4. C. ROUSSATRE (*A. glareolus*, Schreb.).
Corps 9ᶜ, queue 5ᶜ. — Oreilles plus longues que le poil, velues. Pelage roux-rubigineux en dessus, blanchâtre en dessous. Pieds blanchâtres. — R.

FAMILLE II.

LÉPORIDÉS.

Léporidés, du Genre *lepus, leporis*, Lièvre.

Car. — Deux petites incisives derrière les deux grandes de la mâchoire supérieure. — Ces animaux, essentiellement coureurs, manquent de clavicules.

Genre Unique. — **Lièvre** (*Lepus*).

λέπορις, *lepus*, noms grec et latin du lièvre.

ESPÈCES.

1 { Oreilles plus longues que la tête . . . . . . *L. commun*, I.
{ Oreilles plus courtes que la tête. . . . . . *L. lapin*, II.

43. — 1. L. COMMUN (*L. timidus*. Linn.).— Iris jaunâtre.—C. C.

44. — 2. L. LAPIN (*L. cuniculus*, Linn.). — Iris brunâtre. — Originaire, dit-on, d'Espagne. — C. C.

ORDRE V.

PACHYDERMES

(de παχύς, épais ; δέρμα, peau ; à cause de la peau épaisse de la plupart de ces animaux.)

Car. — Doigts terminés par des sabots. — Série dentaire complète.

FAMILLE UNIQUE.

SUIDÉS.

Suidés, du Genre *sus*, COCHON.

CAR. — Doigts des membres antérieurs en nombre pair. — Sabots médians aplatis en dedans. — Canines développées en défenses. — Museau tronqué et terminé par un boutoir où sont percées les narines. — Douze mamelles.

GENRE UNIQUE. — **Cochon** (*Sus*).

σῦς pour ὗς, *sus*, noms grec et latin du cochon.

45. — C. SANGLIER (*S. scropha*, Linn.). — A. C.

ORDRE VI.

RUMINANTS.

CAR. — Doigts toujours en nombre pair, terminés par des sabots. Ordinairement des cornes ou des bois. Pas d'incisives à la mâchoire supérieure ; sauf une exception (*moschus*), canines rudimentaires ou nulles. — Deux ou quatre mamelles inguinales.
Estomac toujours composé, permettant l'acte de la rumination.

FAMILLE UNIQUE.

CERVIDÉS.

Cervidés, du Genre *Cervus*, CERF.

CAR. — Chez le mâle seulement (excepté la femelle de l'élan, qui en possède aussi), deux cornes pleines et caduques chaque année. — Canines rudimentaires. — Pupilles transversales.

GENRE UNIQUE. — **Cerf** (*Cervus*).

Cervus, nom latin du cerf, de κεράς, corne.

ESPÈCES.

1 { Des larmiers . . . . *C. commun,* II.
  { Pas de larmiers. . . . . *C. chevreuil,* I.

46. — 1. C. CHEVREUIL (*C. capreolus,* Linn.). — A. C.

47. — 2. C. COMMUN (*C. elaphus,* Linn.); ne se trouve guère que dans les bois de l'arrondissement de Tonnerre, où il est encore assez abondant.

———

CLASSE II.

OISEAUX.

Car. — Vertébrés revêtus de plumes, armés d'un bec. — Toujours quatre membres : les antérieurs le plus souvent propres au vol ; les postérieurs terminés par 4, 5 ou 2 doigts.

Ovipares.

Respiration pulmonaire. — Circulation double et complète. — Température constante.

ORDRES.

1 { Pieds palmés. 2
{ Non 3

2 { Bec très-grêle, beaucoup plus long que la tête,
{   très-recourbé en haut. . . . . *Echassiers*, v.
{   (Genre Avocette).
{ Non . . . . *Palmipèdes*, vi.

3 { Bas des jambes (1) nu. . . . . *Echassiers* (2), v.
{ Jambes totalement emplumées. 4

4 { Base du bec revêtue d'une membrane 5
{ Base du bec sans membrane. . . . . *Passereaux*, ii.

5 { Bec crochu ; ongles crochus, acérés, formant une
{   serre. . . . . *Oiseaux de proie*, i.
{ Non 6

6 { Bec courbé dès la base. . . . . *Gallinacés*, iv.
{ Bec droit dans plus de la moitié de sa longueur. *Pigeons*, iii.

---

(1) Ne pas confondre la jambe avec le tarse. (V. le vocabulaire et la pl. I.)
(2) Excepté la Bécsaïe commune et le Héron Blongios, dont la jambe est totalement emplumée.

ORDRE I.

OISEAUX DE PROIE.

Car. — Bec crochu, fort, garni à sa base d'une membrane ou *cire* dans laquelle sont percées les narines. — Ongles crochus, rétractiles, formant une *serre*.

FAMILLES.

1	Tête et cou nus ou couverts seulement de duvet.	*Vulturidés*, ɪ.
	Tête et cou emplumés.	2
2	Yeux dirigés latéralement	*Falconidés*, ɪɪ.
	Yeux dirigés en avant.	*Strigidés*, ɪɪɪ.

———

A. OISEAUX DE PROIE DIURNES,

FAMILLE I.

VULTURIDÉS.

Vulturidés, du Genre *Vultur*, Vautour.

Car. — Bec droit à sa base. Au moins à la tète, quelque partie nue ou seulement couverte de duvet. Yeux à fleur de tète et dirigés latéralement. — Ongles peu aigus, peu rétractiles.

Genre unique. — **Vautour** (*Vultur*).

Vultur, nom latin d'un vautour ; de *vultus*, visage, à cause de sa face nue.

1. — V. FAUVE (*V. fulvus*), Briss.).

1ᵐ,15ᶜ. — Un individu de cette espèce a été tué dans les bois de Saint-Fargeau. J'en ai vu la tète et les pattes dans le cabinet de M. Masson.

FAMILLE II.

FALCONIDÉS.

Falconidés, du Genre *Falco*, FAUCON.

CAR. — Bec courbé plus ou moins dès la base. Tête et cou complétement emplumés. Yeux enfoncés sous une arcade surcilière.
— Ongles très-crochus, très-aigus, très-rétractiles.

GENRES.

1	Une dent à la pointe de la mandibule supérieure.	*Faucon*, I.
	Pas de dents, ...	2
2	Queue fourchue	*Milan*, VII.
	Queue non fourchue	3
3	Lorums garnis de plumes.	*Bondrée*, IX.
	Lorums nus ou garnis de poils.	4
4	Ailes atteignant environ la moitié de la queue. .	*Autour*, VI.
	Ailes atteignant au moins les deux tiers de la queue.	5
5	Ongles arrondis en dessous.	*Balbuzard*, IV.
	Ongles creusés d'une gouttière en dessous. . .	6
6	Tarses entièrement emplumés	7
	Tarses en grande partie nus.	8
7	Bec courbé dès la base.	*Buse*, VIII. (Esp. B. pattue).
	Bec presque droit dans sa moitié postérieure. .	*Aigle*, II.
8	Une membrane à la base entre le doigt médian et l'externe.	9
	Doigts libres	*Pygargue*, III.
9	Partie nue des tarses réticulée.	*Circaéte*, V.
	Partie nue des tarses écussonnée en avant. . .	10
10	Formes massives; 1re rémige plus courte que la 7e.	*Buse*, VIII. (Esp. B. vulgaire.)
	Formes élancées; 1re rémige au moins égale à la 7e.	*Busard*, X.

GENRE I. — **Faucon** (*Falco*).

Falco, nom latin d'un faucon; de *falx*, *falcis*, faux, allusion à la
forme de l'aile (1).

ESPÈCES.

1	1re rémige aussi longue ou plus longue que la 3e.	2
	1re rémige plus courte que la 3e	3

---

(1) C'est en somme le même nom que celui de *Fauchot*, donné par nos campagnards
à tous les petits oiseaux de proie; ils les désignent aussi assez indistinctement sous
celui de *tiercelets*, et les gros sous celui de *buses*.

2 ⎰ Sous-caudales d'un roux-vif. . . . . *F. hobereau*, ii.
　⎱ Non . . . . *F. pélerin*, i.

3 ⎛ Ongle du doigt interne ne dépassant pas l'extré-
　⎜　mité du doigt médian. . . . . *F. émerillon*, iii.
　⎜ Ongle du doigt interne dépassant l'extrémité du
　⎝　doigt médian . . . . *F. cresserelle*, iv.

2. — 1. F. PÉLERIN (*F. peregrinus*, Briss.). Le Faucon, Buff.
♂ 38ᶜ, ♀ 46ᶜ. — Moustaches noires, larges et
longues. Ailes à peu près égales à la queue. Cendré
bleuâtre plus clair en dessous, avec quelques bandes
transversales noires sur le dos et sous l'abdomen.
Gorge blanche. Les jeunes sont bruns dessous, avec
le dessous roussâtre clair taché longitudinalement de
brun. — 2 P., R.R.

3. — 2. F. HOBEREAU (*F. subbuteo*. Linn.).
♂ 30ᶜ, ♀ 32ᶜ. — Moustaches noires, étroites et
pointues. Ailes dépassant la queue. Noir dessus, blanc
dessous avec des taches longitudinales noires. Gorge
et collier incomplet, blancs. Plumes tibiales et sous-
caudales d'un roux vif. — 2 P., C.

4. — 3. F. ÉMÉRILLON (*F. lithofalco*, Briss.).
♂ 26ᶜ, ♀ 30ᶜ. — Moustaches faibles ou nulles.
Ailes aboutissant aux deux tiers de la queue. Gorge
blanche. — ♂ Cendré-brun dessus, roussâtre dessous
avec des taches longitudinales brunes ; large barre au
bout de la queue, et rémiges, noires. — ♀ brun dessus varié de roux, dessous un peu plus clair ; queue
roussâtre, barrée de brun. — 2 P., R.

5. — 4. F. CRESSERELLE (*F. tinnunculus*, Linn.).
35ᶜ. — Moustaches presque nulles. Ailes aboutissant aux trois quarts de la queue. Dessus roux-vineux
tacheté de noir ; dessous roux-jaunâtre avec des raies
longitudinales noires. Gorge rousse. — ♂ Tête et nuque cendré foncé. — ♀ Tête et nuque de teinte un
peu plus foncée que le manteau, avec la tige des plumes noires. — Séd., C.

GENRE II. — **Aigle** (*Aquila*).

Aquila, nom latin de l'Aigle.

Je ne sache pas que la présence d'aucun aigle véritable ait été constatée dans le département. Je crois cependant devoir indiquer ce genre, dont quelque individu pourrait nous être amené par le hasard.

GENRE III. — **Pygargue** (*Haliætus*).

(de ἁλιάετος, *haliætus,* aigle de mer ; de ἅλς, mer et ἀετός, aigle.)

6. — C. ORDINAIRE (*H. ossifragus,* Linn.) L'Orfraie, Buff. Vulg. *Aigle pêcheur.*

90°. — Ailes atteignant à peu près le bout de la queue. Partie nue des tarses réticulée, avec quelques écussons en haut. Plumage brun-cendré sans taches, avec la queue blanche, chez les sujets très-vieux ; brun-clair avec des taches roussâtre-clair et la queue multicolore chez les jeunes. — Acc., R. R.

GENRE IV. — **Balbuzard** (*Pandion*).

(de πᾶν, tout, et Λῖος, divin ; oiseau consacré à Jupiter).

7. — B. FLUVIATILE (*P. haliætus,* Linn.).

60°. — Ailes aigües, dépassant la queue de 6°. Brun dessus, dessous blanc plus ou moins tacheté de fauve. Sur la tête et la nuque des plumes effilées. Plumes tibiales courtes et serrées. Tarses couverts d'écailles imbriquées ; doigts libres ; cire et pieds bleus chez l'adulte. — Séd., R.

GENRE V. — **Circaète** (*Circaetus*).

(de κίρκος, nom d'un oiseau de proie, et ἀετόσ, aigle.)

8. — C. JEAN-LE-BLANC (*C. gallicus,* Gmel.)

65°. — Brun dessus, blanc dessous. 1re rémige égale à la 7e. Narines verticales. — Acc., R. R.

GENRE VI. — **Autour** (*Astur*).

(d'*Asteria*, nom latin d'un oiseau de proie qui a le plumage
étoilé, *Aster*).

ESPÈCES.

Ongle du doigt interne n'atteignant pas l'extrémité du doigt médian.	*A. épervier*. ɪ.
Ongle du doigt interne dépassant l'extrémité du doigt médian	*A. ordinaire*, ɪɪ.

9. — 1. A. ÉPERVIER (*A. nisus*, Linn.).

♂ 32ᶜ, ♀ 38ᶜ. — Tarses grêles, presque entièrement nus. Ailes atteignant à peine la moitié de la queue. — ♂ Brun-ardoisé dessus ; blanchâtre dessous, avec des bandes transversales roux-vif, et la tige des plumes brune. — ♀ le dessus et les bandes transversales des parties inférieures brun-roussâtre.

Des taches longitudinales rousses sous la poitrine et l'abdomen. — Séd., C.

10. — 2. A. ORDINAIRE (*A. palumbarius*, Linn.).

♂ 50ᶜ, ♀ 60ᶜ. — Tarses robustes, vêtus dans leur tiers supérieur. Ailes atteignant la moitié de la queue. Brun dessus, blanc dessous avec un grand nombre de barres transversales brunes. Les jeunes ont les parties inférieures tachetées longitudinalement de roux-marron. — Séd., R.

GENRE VII. — **Milan** (*Milvus*).

Milvus, nom latin du Milan.

ESPÈCES.

Iris jaune	*M. royal*, ɪ.
Iris noirâtre	*M. noir*, ɪɪ.

11. — 1. M. ROYAL (*M. regalis*, Briss.).

65ᶜ. — Queue très-fourchue, les rectrices latérales dépassant les médianes de 8 à 10ᶜ. — Séd., R.

12. — 2. M. NOIR (*M. niger*, Briss.).

55ᶜ. — Queue peu fourchue, les rectrices latérales

ne dépassant les médianes que de 2 à 3ᶜ. — Acc.,
R. R.

Genre VIII. — **Buse** (*Buteo*).

Buteo, nom latin de la Buse ; de βούτης, semblable à un bœuf, à
cause de sés formes massives.

ESPÈCES.

Tarses à demi-nus	***B. vulgaire***, I.
Tarses emplumés jusqu'aux ongles.	***B. pattue***, II.

13. — 1. B. VULGAIRE (*B. vulgaris*, Ch. Bonap.).

65ᶜ, taille très-variable, du reste. — Plumage
brun, plus ou moins varié de blanc. Narines presque
horizontales. 1ʳᵉ rémige plus courte qne la 7ᵉ. Tarses
en grande partie nus. — Séd., C.

14. — 2. B. PATTUE (*B. lagopus*, Brünn.).

60ᶜ. — Ressemble à la buse, mais ses tarses sont
emplumés jusqu'aux doigts. — Acc., R. R.

Genre IX. — **Bondrée** (*Pernis*).

15. — B. COMMUNE (*P. apivorus*, Linn.).

55ᶜ. — Ressemble à la buse vulgaire. — Séd., A. C.

Genre X. — **Busard** (*Circus*).

(de κίρκος, *Circus*, nom d'un oiseau de proie.)

ESPÈCES.

Ailes au moins égales à la queue.	***B. Montagu***, III.
Ailes plus courtes que la queue	2
4ᵉ rémige plus courte que la 3ᵉ	***B. ordinaire***, I.
4ᵉ rémige égale à la 3ᵉ.	***B. St-Martin***, II.

16. — 1. B. ORDINAIRE (*C. rufus*, Lath., et *C. æruginosus*,
Linn.). — Vulg. *Busard des marais*.

50ᶜ à 55ᶜ. — Ailes n'atteignant pas le bout de la
queue. Une tache jaune à l'occiput. La Harpaye de
Buffon est l'oiseau vieux, roussâtre en dessous avec

des taches longitudinales brunes; le Busard est l'oiseau jeune, dont les parties inférieures sont d'un roux-chocolat uniforme. Il y a, du reste, beaucoup de variétés individuelles. — Séd., C.

17. — 2. B. SAINT-MARTIN (*C. cyanæus et C. pygargus*, Linn.). ♂ 45ᶜ, ♀ 50ᶜ. — Ailes n'atteignant pas le bout de la queue. — ♂ (Oiseau Saint-Martin, Buff.) : plumage cendré avec le ventre blanc. — ♀ (Sous-buse, Buff.): plumage jaunâtre avec des taches brunes, une collerette très prononcée, et le tour des yeux blanc. — Séd., A. C.

18. — 3. B. MONTAGU (*C. cineraceus*, Mont.). — Confondu par Buffon avec le précédent.

42ᶜ. — Ailes atteignant ou dépassant le bout de la queue; le ♂ ressemble au ♂ du Saint-Martin, et la ♀ à sa ♀. — 2 P., R. R.

———

B. OISEAUX DE PROIE NOCTURNES.

FAMILLE III.

STRIGIDÉS.

Strigidés, du Genre *Strix*, CHOUETTE.

CAR. — Yeux très-grands, dirigés en avant. — Cire recouverte de plumes sétacées. — Doigt externe à demi-versatile. — Plumage moëlleux. — Mœurs crépusculaires ou nocturnes.

GENRE UNIQUE. — **Chouette** (*Strix*).

στρίγξ, *Strix*, nom d'oiseau de nuit; de στρίζω, *strideo*, rendre un bruit perçant, allusion à leur cri.

ESPÈCES.
1 { Doigts nus. . . . . *H. petit-duc*, III.
  { Doigts poilus ou emplumés. 2

<table>
<tr><td rowspan="3">2</td><td>Iris brun . . . .</td><td>3</td></tr>
<tr><td>Iris jaune . . . .</td><td>4</td></tr>
<tr><td>Iris rouge-orange . . . .</td><td>5</td></tr>
</table>

3	Doigts poilus. . . . . , . .	*Ch. effraie*, v.
	Doigts emplumés	*Ch. hulotte*, vi.
4	Bec noir.	*H. brachyote*, iv.
	Bec jaunâtre	*Ch. chevêche*, vii.
5	1re rémige plus longue que la 5e.	*H. moyen-duc*, ii.
	1re rémige plus courte que la 5^e	*H. grand-duc*, i.

PREMIÈRE DIVISION : Sur la tête, quelques plumes susceptibles de se redresser en forme de cornes. Disque facial incomplet : HIBOUX.

19. — 1. H. GRAND-DUC (*S. bubo*, Linn.).

60^c. — Aigrettes considérables. Plumage varié de jaune et de noir. Doigts emplumés. Iris orange. — Acc., R. R. R.

20. — 2. H. MOYEN-DUC (*S. otus*, Linn.).

35^c. — Aigrettes très-notables. Plumage fauve, flammé de brun. Doigts emplumés. Iris rougeâtre. — Séd., C.

21. — 3. H. PETIT-DUC ou SCOPS (*S. scops*, Linn.).

18^c. — Aigrettes très-notables. Plumage brun, varié de roussâtre et de cendré. Doigts nus. Iris jaune. — Nid., A. R.

22. — 4. H. BRACHYOTE (*S. brachyotos*, Lath.,). La chouette, Buff.

35^c. — Aigrettes à peine distinctes. Plumage jaunâtre, flammé de brun. Doigts emplumés. Iris jaune. — Séd., C.

DEUXIÈME DIVISION : Pas d'aigrettes sur la tête : CHOUETTES proprement dites.

23. — 5. CH. EFFRAIE (*S. flammea*, Linn.). — Vulg. *Oiseau de la mort.*

35^c. — Disque facial très-marqué. Plumage jaunâtre en dessus, plus ou moins blanc en dessous. Doigts couverts de poils. Iris brun. — Séd., C. C.

24. — 6. CH. HULOTTE (*S. aluco*, Linn.).

40°. — Disque facial complet. Plumage grisàtre et flammé de brun chez les ♂ (*Hulotte*, Buff.), beaucoup plus roussâtre chez les ♀ et surtout les ☿ (*Chathuant*, Buff.). Doigts emplumés. Iris brun. — Séd., A. R.

25. — 7. CH. CHEVÊCHE (*S. psilodactyla*, Linn). — Petite chouette, Buff.

23°. — Disque facial incomplet. Plumage varié de brun et de blanc. Doigts poilus. — Séd.. C.

———

ORDRE II.

PASSEREAUX.

CAR. — Oiseaux percheurs ou grimpeurs. « Le caractère de cet ordre, dit G. Cuvier, semble d'abord purement négatif, car il embrasse tous les oiseaux qui ne sont ni nageurs, ni échassiers (1), ni rapaces, ni gallinacés. Cependant, en les comparant, on saisit bientôt entre eux une grande ressemblance de structure, et surtout des passages tellement insensibles d'un genre à l'autre, qu'il est difficile d'y établir des subdivisions. »

		FAMILLES.
1	Deux doigts devant, deux derrière.	2
	Non	3
2	Bec droit, tarses nus	*Picidés*, xi.
	Bec un peu arqué, tarses à demi-emplumés. . .	*Cuculidés*, xii.
3	Doigt externe uni à celui du milieu jusqu'à l'avant-dernière articulation.	4
	Non	5
4	Bec droit	*Alcyonidés*, xvi.
	Bec un peu arqué	*Méropidés*, xv.

———

(1) Cuvier ajoute « ni grimpeurs, » mais ses grimpeurs sont aujourd'hui réunis aux passereaux.

5 { Bec très-court, extrêmement déprimé, aussi large à la base que long. . . . . *Chélidonidés*, XVII.
{ Non 6

6 { 1ʳᵉ scutelle au moins égale au tiers de la longueur du tarse. 7
{ 1ʳᵉ scutelle beaucoup moindre que le tiers de la longueur du tarse. 10

7 { Bec arqué, plus long que la tête. . . . . . . *Certhiadés*, XIII.
{ (Genre Tichodrome.)
{ Non 8

8 { Taille (1) du merle, environ. . . . . *Turdidés*, VI.
{ (Genre Merle.)
{ Taille notablement inférieure à celle du merle. . . 9

9 { 1° Queue roux de rouille, au moins dans ses deux tiers antérieurs ; 2° queue grise, mais cou et poitrine d'un roux ardent. . . . . *Turdidés*, VI.
{ (Genre Rubiette).
{ Non . . . . *Muscicapidés*, V.

10 { Bec crochu et fortement denté à la pointe de la mandibule supérieure . . . . *Laniadés*, IV.
{ Non 11

11 { Taille (1) de beaucoup supérieure à celle du merle. *Corvidés*, I.
{ Taille du merle, environ. 12
{ Taille notablement inférieure à celle du merle. . 14

12 { Bec grêle, arqué, beaucoup plus long que le tarse. *Upupidés*, XIV.
{ Non 13

13 { 1ʳᵉ rémige plus courte que la 3ᵉ . . . . . . *Oriolidés*, III.
{ 1ʳᵉ rémige plus longue que la 3ᵉ . . . . . . *Sturnidés*, II.

14 { Une des grandes couvertures atteignant l'extrémité des plus longues rémiges. . . . . . . *Motacillidés*, VII.
{ Non 15

15 { Bec plus court que la tête 16
{ Bec grêle, et aussi long ou plus long que la tête. *Certhiadés*, XIII.

16 { Bec faible, le plus souvent échancré à la pointe de la mandibule supérieure . . . . *Turdidés*, VI.
{ Bec fort, sans échancrure 17

17 { 1ʳᵉ rémige plus courte que la 6ᵉ. . . . . . *Paridés*, IX.
{ 1ʳᵒ rémige plus longue que la 6ᵉ. 18

18 { Ongle du pouce, droit, et plus long que ce doigt. *Alaudidés*, VIII.
{ Non . . . . *Fringillidés*, X.

---

(1) Taille signifie ici grosseur du corps, dimensions générales, et non pas, comme à l'ordinaire, longueur du bout du bec à l'extrémité de la queue.

A. PASSEREAUX OMNIVORES.

FAMILLE I.

CORVIDÉS.

Corvidés, du Genre *Corvus*, CORBEAU.

CAR. — Bec en couteau, épais. Narines couvertes par des poils et des plumes décomposées. — Ailes obtuses.

GENRES.

1 { Queue terminée de blanc. . . . . *Casse-noix*, IV.
{ Queue entièrement noire. 2

2 { Ailes atteignant à peine la moitié de la queue . 3
{ Ailes atteignant presque l'extrémité de la queue. *Corbeau*, I.

3 { Queue très-étagée . . . . *Pie*, II.
{ Queue arrondie . . . . , . . . *Geai*, III.

GENRE I. — **Corbeau** (*Corvus*).

Corvus, nom latin du grand corbeau.

ESPÈCES.

1 { Base du bec nue. . . . . , *C. freux*, II.
{ Base du bec emplumée 2

2 { Plumage entièrement noir . . . . *C. corneille*, I.
{ Du cendré dans le plumage. 3

2 { Abdomen noir. . . . . *C. choucas*, IV.
{ Abdomen cendré. . . . . *C. mantelé*, III.

26. — 1. C. CORNEILLE (*C. corone*, Linn.), Corbine. Buff.
50c. — Plumage entièrement noir. — Séd., C.

27. — 2. C. FREUX (*C. frugilegus*, Linn.).
50c. — Bec nu à la base. Plumage entièrement noir. — D. P., C.

28. — 3. C. MANTELÉ (*C. cornix*, Linn.).

55°. — Plumage gris-cendré, avec la tête, les ailes et la queue noires. — D. P., A. C.

29. — 4. C. CHOUCAS (*C. monedula*, Linn.). — Vulg. *Corbeau de tour*.

41°. — Plumage noir avec du cendré derrière le cou. — Séd., C.

GENRE II. — **Pie** (*Pica*).

Pica, nom latin de la pie.

30. — P. ORDINAIRE (*P. caudata*, Linn.). — Vulg. *Oujasse*. — Séd. C. C.

GENRE III. — **Geai** (*Garrulus*).

Garrulus, babillard.

31. — G. ORDINAIRE (*G. glandarius*, Linn.). — Vulg. *Jacquot*. — Séd., C. C.

GENRE IV. — **Casse-noix** (*Nucifraga*).

Nux, nucis, noix, et *frangere*, briser.

32. — C. VULGAIRE (*N. caryocatactes*, Linn.).

35°. — Plumage brun-chocolat, parsemé de gouttelettes blanches. — Acc. R. R.

FAMILLE II.

STURNIDÉS.

Sturnidés, du Genre *Sturnus*, ÉTOURNEAU.

CAR. — Bec droit, fort, dont l'arête se prolonge sur le front. — Narines nues. — Ailes aiguës et longues.

		GENRES.
1 {	Une huppe.	*Martin*, II.
	Pas de huppe.	*Étourneau*, I.

GENRE I. — **Etourneau** *(Sturnus)*.

Sturnus, nom latin de l'Étourneau.

ESPÈCES.

1 { Des taches blanches dans le plumage. , . . . *E. vulgaire*, I.
{ Pas de taches blanches. . . . . *E. unicolore*, II.

33. — 1. E. VULGAIRE (*S. vulgaris*, Linn.). — Vulg. *Sansonnet*.

23ᵉ. — Plumage noir avec des reflets pourpres et des taches blanches plus ou moins nombreuses. — Séd., C. C.

34. — 2. E. UNICOLORE (*S. unicolor*, de La Marmora.).

23ᵉ. — Plumage noir, à reflets, sans tâches. Plumes du devant du cou longues et effilées. Un individu de cette espèce, tué dans l'Yonne, est conservé dans le cabinet de M. Robineau-Bourgneuf, à Saint-Sauveur ; il se trouvait au milieu d'une bande d'étourneaux vulgaires.

GENRE II. — **Martin** *(Pastor)*.

Pastor, à cause de l'habitude qu'ont ces oiseaux d'accompagner les troupeaux.

35. — M. ROSELIN (*P. roseus*, Linn.)'. — Le merle couleur de rose, Buff.

22ᵉ. — Plumage rose tendre, avec la tête, le cou, les ailes et la queue noires. Une huppe noire. — Acc., R. R. R.

FAMILLE III.

ORIOLIDÉS.

Oriolidés, du Genre *Oriolus*, LORIOT.

CAR. — Bec dilaté, à crête entamant les plumes du front. — Ailes longues, sub-aiguës. — Tarses robustes, à peine aussi longs que le doigt médian.

GENRE UNIQUE. — **Loriot** (*Oriolus*).

Oriolus, par imitation du cri de l'oiseau.

36. — L. JAUNE (*O. galbula*, Linn.) Vulg. *Compère-Loriot, Alouyou.*

27°. — ♂ Jaune d'or, avec les ailes et une partie de la queue noires; ♀ et ⚥ jaune-olivâtre dessus, gris-jaunâtre dessous avec des taches brunes longitudinales. Ailes brunes. — Nid. C.

———

B. PASSEREAUX INSECTIVORES OU DENTIROSTRES.

FAMILLE IV.

LANIADÉS.

Laniadés, du Genre *Lanius*, PIE-GRIÈCHE.

CAR. — Bec convexe, comprimé, crochu et fortement denté à la pointe de la mandibule supérieure.

GENRE UNIQUE. — **Pie-Grièche** (*Lanius*).

(de *Lanius*, boucher, à cause des habitudes sanglantes des grandes espèces du genre.)

ESPÈCES.

1 { Un miroir blanc sur les rémiges primaires. . . 2
{ Pas de miroir blanc . . . . *P. G.écorcheur,*IV.

2 { Vertex roux . . . . , . . *P.-G. rousse,* III.
{ Vertex cendré. 3

3 { 2° rectrice externe blanche et noire . . . . . *P.-G. grise,* I.
{ 2° rectrice externe entièrement blanche . . . *P.-G. d'Italie,* II.

37. — 1. P.-G. GRISE (*L. excubitor*, Linn.). Vulg. *Merlouasse, Acoriot.*

24°. — Grise dessus, blanche dessous. Ailes noires, 1ʳᵉ rémige plus courte que la 5°. Queue très étagée.— Séd. A. C.

5

38. — 2. P.-G. D'ITALIE (*L. minor*, Gmel.)

> 22e. — Grise dessus, blanche et rose dessous. Ailes noires, 1re rémige plus longue que la 3e. Queue presque carrée, les deux rectrices latérales blanches. — Nid. A. R.

39. — 3. P.-G. ROUSSE (*L. rufus*, Briss.).

> 19e. — Noire et cendrée dessus, avec une large tache rousse à l'occiput chez les adultes. Ailes noires à miroir blanc. — Nid. A. C.

40. — 4. P.-G. ÉCORCHEUR (*L. collurio*, Linn.).

> 17e. — Pas de miroir à l'aile. — ♂ Rose en dessus, roux en dessous avec la tête grise et les moustaches noires. — ♀ et ⚥, plumage grivelé. — Nid. A. C.

FAMILLE V.

MUSCICAPIDÉS.

Muscicapidés, du Genre *Muscicapa*, GOBE-MOUCHES.

CAR. — Bec très-fendu, déprimé, garni de soies à sa base. — Tarses revêtus presqu'entièrement par une scutelle unique.

GENRES.

1	Narines recouvertes par des poils entrecroisés.	*Gobe-mouches*, I.
	Narines recouvertes en partie par une membrane.	*Traquet*, II.

GENRE I. — **Gobe-mouches** (*Muscicapa*).

(de *Musca*, mouche, et *capere*, prendre.)

ESPÈCES.

1	Un miroir blanc sur les rémiges primaires.	*G.-M. à collier*, II.
	Pas de miroir blanc	2
2	1re rémige plus longue que la 4e	*G.-M. gris*, I.
	1re rémige plus courte que la 4e	*G.-M. bec-figue*, III.

41. — 1. G.-M. GRIS (*M. grisola*, Linn.). G.-M. proprement dit. Buff.

> 15e. — Bec (depuis la commissure) plus long que le

tarse. 1re rémige plus longue que la 4e. Gris dessus, blanc dessous, avec des taches grises longitudinales. — Nid. A. R.

42. — 2. G. M. A COLLIER (*M. albicollis*, Temm.), G. M. à collier de la Lorraine, Buff.

14^c. — 1re rémige égale à la 4e. Un miroir blanc sur les rémiges primaires. — ♂ en été, noir avec parties inférieures, front, collier, miroir et moitié externe des grandes couvertures, blancs. — ♂ en hiver, ♀ et ☿, gris dessus, blancs dessous. — Nid. A. R.

43. — 3. G. M. BEC-FIGUE (*M. atricapilla*, Linn). Au printemps, le Traquet d'Angleterre ; en hiver, le Bec-Figue, Buff.

14^c. — 1re rémige plus petite que la 4e. Pas de miroir à l'aile. — ♂ en été, noir, avec parties inférieures, front et moitié externe des grandes couvertures, blancs. — ♂ en hiver, ♀ et ☿, gris dessus, blancs dessous. — Nid. A. C.

GENRE II. — **Traquet** (*Saxicola*).

(de *Saxum*, pierre, et *colere*, habiter, à cause des habitudes de quelques espèces.)

		ESPÈCES.
1	Rectrices unicolores, d'un noir-brunâtre . . .	*T. pâtre*, III.
	Rectrices moitié blanches, moitié noires. . .	2
2	Epaulettes blanches. . , ...	*T. tarier*, II.
	Pas d'épaulettes.	*T. motteux*, I.

44. — 1. T. MOTTEUX (*S. œnanthe*, Linn.). Vulg. *Cul-blanc*, *branle-queue*.

16°. — 1ro rémige égale à la 3e. — ♂ blanc roussâtre dessous, gris dessus. Ailes, extrémité de la queue, moustaches et lorums noirs. — ♀ roussâtre, ciles et extrémité de la queue noirâtre. Les jeunes sont tout roux. — Nid. C. C.

45. — 2. T. TARIER (*S. rubetra*, Linn.). Le grand Traquet, Buff.

12ᵉ. — Sourcils et gorge blancs. Poitrine rousse. Lorums noirs chez le ♂, roux chez la ♀. — Nid. C.

46. — 3 T. PATRE (*S. rubicola*, Linn.). Le Traquet, Buff.

12ᵉ. — 1ʳᵉ rémige égale à la 6ᵉ. — ♂ Tête, gorge, côtés du cou, noirs. Poitrine roux vif. Epaulettes et tache sur l'aile, blanches. — ♀ Toutes ces teintes lavées de roux. — Nid. A. C.

FAMILLE VI.

TURDIDÉS.

Turdidés, du Genre *Turdus*, MERLE.

		GENRES.
1	Tarses revêtus en avant presque complétement par une scutelle unique.	2
	Tarses revêtus en avant par plusieurs scutelles à peu près égales.	4
2	Taille (1) du merle, environ.	*Merle*. I.
	Taille notablement inférieure à celle du merle.	3
3	Une tache d'un jaune vif sur la tête.	*Roitelet*, VIII.
	Non	*Rubiette*, II.
4	Ailes très-concaves; queue rousse située de brun.	*Troglodyte*, VII.
	Non	5
5	Queue étagée.	*Rousserolle*, III
	Non	6
6	Plumage nuancé et lavé de jaune et de verdâtre.	7
	Pas de jaune dans le plumage.	8
7	Bec large déprimé dans toute son étendue; queue égale.	*Hypolaïs*, IV.
	Bec petit, subulé ; queue un peu échancrée.	*Pouillot*, VI.
8	Bords de la mandibule supérieure rentrants en dedans	*Accenteur*, IX.
	Non	*Fauvette*, V.

GENRE I. — **Merle** (*Turdus*).

Turdus, nom latin de la grive.

		ESPÈCES.
1	1ʳᵉ rémige plus courte que la 5ᵉ.	*M. noir*. I.
	1ʳᵉ rémige plus longue que la 5ᵉ.	2
2	Longue raie surcillière blanche.	*M. mauvis*. VI.
	Pas de raie surcillière blanche.	3

(1) V. la note de la page 29.

3 { Queue noire 4
{ Non 5

4 { Abdomen noir. . . . . *M. à plastron*, II.
{ Abdomen blanc . . . . *M. litorne*, III.

5 { Dessous de l'aile jaune. . . . . *M. grive,* IV.
{ Dessous de l'aile blanc. . . . . *M. draine*, V.

47. — 1. M. NOIR (*T. merula*, Linn.).

26ᶜ. — ♂ Noir avec le bec jaune. ♀ et ☿ roux plus ou moins foncé, grivelé en dessous de noirâtre; bec brun. — Séd. C. C.

48. — 2. M. A PLATRON (*T. torquatus*, Linn.).

29ᶜ. — Noir avec un large plastron blanc à la poitrine, et quelques croissants blancs à l'abdomen. — D. P., A. C.

49. — 3. M. LITORNE (*T. pilaris*, Linn.).

27ᶜ. — Dessus cendré; manteau roussâtre, gorge et poitrine chamois avec des taches noires. Pieds bruns. Queue brun-noirâtre. — D. P., A. C.

50. — 4. M. DRAINE (*T. viscivorus*, Linn.).

30ᶜ. — Gris-olivâtre en dessus, blanc-sale en dessous avec des taches triangulaires brunes. Pieds roux. Queue roussâtre. — En partie séd. A. R.

51. — 5. M. GRIVE (*T. musicus*, Linn.).

23ᶜ. — Roux-olivâtre dessus; dessous blanc légèrement lavé de jaune à la poitrine, grivelé de brun-roussâtre. Pieds roux. Queue roussâtre. — En partie séd. C.

52. — 6. M. MAUVIS (*T. iliacus*, Linn.).

22ᶜ. — Ressemble à la grive; une large tache roux-vif aux flancs; long sourcil blanc. — D. P., C.

GENRE 11. — **Rubiette** (*Erithacus*).

(de ἐρίθαχος, *erithacus*, noms grec et latin du rouge-gorge; de ἐρυθρὸς, rouge.)

ESPÈCES.

1 { Queue gris-brun. . . . . *R. rouge-gorge*, IV.
{ Queue roux de rouille avec la moitié postérieure noire. . . . . *R. gorge-bleue*, V.
{ Non 2

2 { Pieds roux. . . . . *R. rossignol*, ɪ.
  { Pieds noirs. 3

3 { 2ᵉ et 3ᵉ rémiges égales et les plus longues. . . *R. de muraille*, ɪɪɪ.
  { 3ᵉ et 4ᵉ rémiges égales et les plus longues. . . *R. rouge-queue*. ɪɪ.

53. — 1. R. ROSSIGNOL (*E. luscinia*, Lath.).

    17ᶜ. — Dessus brun-roux ; parties inférieures blanchâtres. Queue roux de rouille. — Nid. C.

54. — 2. R. ROUGE-QUEUE. — (*E. tithys*, Lath.).

    15ᶜ. — Queue rousse, 1ʳᵉ rémige plus courte que la 5ᵉ. — ♂ Ardoisé-foncé en dessus ; gorge, cou et poitrine noirs. — ♀ Cendré-brunâtre plus clair en dessous ; ventre gris. — Nid. A. C.

55. — 3. R. DE MURAILLES (*E. phœnicurus*, Linn.). Rossignol de Murailles, Buff.

    15ᶜ. — Queue rousse, 1ʳᵉ rémige plus longue que la 5ᵉ. — ♂ Cendré-bleuâtre dessus, front blanc, gorge et cou noirs, poitrine et flancs d'un roux vif, ventre blanchâtre. — ♀ Ressemble à celle du rouge-queue, mais d'une teinte générale plus rousse. — Nid. A. R.

56. — 4. R. ROUGE-GORGE (*E. rubecula*, Lath.). Vulg. *Reuche*.

    14ᶜ. — Front, lorums, cou, poitrine d'un roux ardent chez les adultes, roussâtre, chez les jeunes, queue gris-brun. — Séd. en partie, C. C.

57. — 5. R. GORGE-BLEUE (*E. succica*, Lath.).

    15ᶜ. — Queue rousse avec la moitié postérieure noire chez les adultes, gorge et poitrine bleues avec une tache d'un blanc brillant au milieu ; les jeunes ont la poitrine tachée de brun et de roussâtre. — Nid. A. R.

GENRE III. — **Rousserolle** (*Calamoherpe*).

κάλαμος, roseau ; ἕρπω, grimper : allusion aux habitudes riveraines des oiseaux de ce genre.

ESPÈCES.

1 { Parties supérieures tachetées longitudinalement
  { de brunâtre. 2
  { Parties supérieures sans taches. 3

2 { Raie surcillière blanche. . . . . *B.-F. phragmite*, III.
{ Pas de raie surcillière. . . . . *B.-F. locusteile*, IV.

3 { Taille de 18 à 20ᶜ . . . . *B.-F. rousserolle*, I.
{ Taille de 12 à 14ᶜ . . . . *B.-F. effarvatte*, II.

58. — 1. B.-F. ROUSSEROLLE (*S. turdoïdes*, Temm.).
20ᶜ. — Brun-roussâtre dessus; sourcils et parties inférieures roux-jaunâtre. — Nid. R.R.

59. — 2. B.-F. EFFARVATTE (*S. arundinacea*, Briss). La Fauvette des roseaux, Buff.
13ᶜ. — Olivâtre-roussâtre sans taches dessus, blanc-roussâtre dessous. — Nid. AC.

60. — 3. B.-F. PHRAGMITE (*S. phragmitis*, Bechst.)
12ᶜ,5. — Dessus olivâtre avec des taches brun sombre sur le milieu de chaque plume; dessous blanc-roussâtre. Large raie surcillière blanche. — Nid. C.C.

61. — 4. B.-F. LOCUSTELLE (*S. locustella*, Lath.). L'alouette locustelle, Buff.
14ᶜ. — Ressemble à la phragmite; s'en distingue par l'absence de la raie surcillière. — Nid. R. R.

GENRE IV. — **Hypolaïs** (*Hypolaïs*).

ὑπολαῖς, nom d'une fauvette.

ESPÈCES.
1 { 1ʳᵉ rémige plus longue que la 4ᵉ. . . . . . *H. ictérine*, I.
{ 1ʳᵉ rémige plus courte que la 4ᵉ. . . . . . *H. lusciniole*, I.

62. — 1. H. LUSCINIOLE (*S. polyglotta*. Vieill.).
13ᶜ. — Olivâtre-cendré dessus, jaune-clair dessous. 1ʳᵉ rémige égale à la 5ᵉ ou plus courte. — Nid. A.C.

63. — 2. H. ICTÉRINE (*H. icterina*, Vieill.).
13ᶜ. — Ressemble à la précédente. 1ʳᵉ Rémige plus longue que la 4ᵉ et presque égale à la 3ᵉ. — Nid. C.

GENRE V. — **Fauvette** (*Sylvia*).

(de *silva*, forêt.)

ESPÈCES.
1 { Rectrice la plus externe blanche sur ses barbes
{ externes. . . , ... 2
{ Non 3

2 $\left\{\begin{array}{l}\text{1}^{\text{re}} \text{ rémige égale à la 3}^\text{e}. \ldots \ldots \ldots \ldots \ldots\\ \text{1}^{\text{re}} \text{ rémige plus courte que la 3}^\text{e}. \ldots \ldots \ldots\end{array}\right.$ ***F. grisette***, III
     F. babillarde. IV.

3 $\left\{\begin{array}{l}\text{1}^{\text{re}} \text{ rémige plus longue que la 4}^\text{e}, \ldots \ldots \ldots\\ \text{1}^{\text{re}} \text{ rémige plus courte que la 4}^\text{e}. \ldots \ldots \ldots\end{array}\right.$ ***F. des jardins***, II.
     F. à la tête noire, I.

64. — 7. F. A TÊTE NOIRE (*S. atricapilla*, Lath.).

14e. — 1re rémige plus courte que la 4e ; sur la tête, un capuchon noir chez les ♂, roux chez les ♀. — Nid. C.

65. — 8. F. DES JARDINS (*S. hortensis*, Bechst.). La petite Fauvette, Buff.

14e. — 1re rémige plus longue que la 3e. Queue ainsi que les parties inférieures entièrement cendré-olivàtre ; dessous blanc avec la poitrine gris-roussàtre. — Nid. A. R.

66. — 9. F. GRISETTE (*S. cinerea*, Briss.).

14e. — 1re rémige égale à la 3e. Rectrice la plus externe blanche sur ses barbes externes. Couvertures des ailes bordées extérieurement de roux-vif. — Nid. C.

67. — 10. F. BABILLARDE (*S. curruca*, Lath.).

14e. — 1re rémige égale à la 4e. Rectrice externe blanche sur ses barbes externes. Couvertures bordées extérieurement de cendré un peu roussàtre. — Nid. A. C.

GENRE VI. — **Pouillot** (*Phyllopneuste*).

(de φύλλον, feuille, et πνεύστης, qui chante : oiseau qui chante sous la feuillée.)

ESPÈCES.

1 $\left\{\begin{array}{l}\text{1}^{\text{re}} \text{ rémige plus courte que la 6}^\text{e}. \ldots \ldots\\ \text{1}^{\text{re}} \text{ rémige plus longue que la 6}^\text{e}. \ldots \ldots\end{array}\right.$ ***P. véloce***, II.
     2

2 $\left\{\begin{array}{l}\text{1}^{\text{re}} \text{ rémige plus longue que la 4}^\text{e}. \ldots \ldots\\ \text{1}^{\text{re}} \text{ rémige plus courte que la 4}^\text{e}. \ldots \ldots\end{array}\right.$ ***P. siffleur***, III.
     3

3 $\left\{\begin{array}{l}\text{Tarses jaunâtres.} \ldots \ldots \ldots \ldots \ldots\\ \text{Tarses d'un brun-clair.} \ldots \ldots \ldots \ldots\end{array}\right.$ ***P. fitis***, I.
     P. bonelli. IV.

68. — 1. P. FITIS (*Ph. trochilus*, Linn.).

12e. — Ailes dépassant légèrement le milieu de

l'aile. 1re rémige plus courte que la 4e, plus longue que la 5e. Tarses jaunâtres. — Nid. C.

69. — 2. P. VELOCE (*Ph. rufa*, Briss.)

12^c. — Ailes ne dépassant pas le milieu de la queue. 1re rémige plus courte que la 6e. Tarses noirâtres. — Nid. A.C.

70. — 3. P. SIFFLEUR (*Ph. sylvicola*, Lath.).

12^c,5. — Ailes dépassant de beaucoup le milieu de la queue, qui est très-échancrée. 1re rémige plus longue que la 4e. Tarses d'un brun-jaunâtre. — Nid. A.C.

71. — 4. P. BONELLI (*Ph. bonelli*, Vieill.).

11^c,5. — Ailes atteignant à peine la moitié de la queue. 1re rémige plus longue que la 6e, égalant quelquefois la 5e. Tarses d'un brun-clair. — Nid. R.R.

GENRE VII. — **Troglodyte** (*Troglodytes*).

τρωγλοδύτης (de τρώγλη, trou, δύνω, habiter), troglodytes, peuple fabuleux qui vivait dans des trous : allusion aux habitudes de cet oiseau.

72. — T. D'EUROPE (*T. europæus*. Vieill.). Vulg. *Roitelet, Roi de ferdue* (froidure).

10^c. — Plumage brun-chocolat, strié, plus clair en dessous. Ailes courtes et très-concaves ; queue courte et ordinairement relevée. — Séd. CC.

GENRE VIII. — **Roitelet** (*Regulus*).

Regulus, petit roi, nom latin de l'oiseau, à cause du bandeau qui couronne sa tête.

ESPÈCES.

1 { Une bande blanche au-dessus de l'œil. . . *R. triple-bandeau*. I.
{ Pas de bande blanche. . . . . *R. huppé*, II.

73. — R. TRIPLE-BANDEAU (*R. ignicapillus*, Naum.).

9^c,5. — Une bande blanche au-dessus de l'œil. —

♂ Vertex jaune-aurore, bordé de jaune citron, puis d'une raie noire. — ♀ Le jaune est un peu orangé. — Nid. C.

74. — 2. R. HUPPÉ (*R. cristatus*, Briss.).

9ᶜ,5. — Se distingue du précédent par l'absence de la bande blanche qui double la raie noire. — Nid. C.

GENRE IX. — **Accenteur** (*Accentor*).

(de *Accentor*, qui chante après, parce que cet oiseau chante en hiver).

75. — 3. A. MOUCHET (*A. modularis*, G. Cuv.). Traine-buissons ou Fauvette d'hiver, Fauvette de bois ou Roussette, Buff.

14ᶜ. — Plumage cendré, avec le dessus olivàtre taché de roussàtre. — Séd. A. C.

FAMILLE VII.

MOTACILLIDÉS.

Motacillidés, du Genre *Motacilla*, BERGERONNETTE.

CAR. — Bec g.êle, échancré à sa pointe ; tarses grèles ; rémiges secondaires échancrées à l'extrémité ; la plus longue des couvertures alaires atteignant le bout de l'aile ; 1ʳᵉ rémige nulle.

GENRES.

1 { Rectrices médianes plus courtes que les autres. . *Pipit.*
  { Rectrices médianes au moins égales aux autres. *Bergeronnette.*

GENRE I. — **Bergeronnette** (*Motacilla*).

Motacilla, nom latin de la bergeronnette grise ; de *motatio*, agitation fréquente, allusion aux mouvements incessants de la queue.

ESPÈCES.

1 { Rectrice externe entièrement blanche. . . . . *B. jaune*, II.
  { Rectrice externe blanche et noire. 2

2 { Région du croupion vert-olive. . . . . . . *B. printannière*, III.
  { Région du croupion cendrée . . . . *B. grise.* I.

76. — 1. B. GRISE (*M. alba*, Linn.). La Lavandière, Buff. Vulg. *Branle-Queue.*

19ᵉ. — Grise dessus, blanche dessous; front et lorums blancs ; nuque, gorge et poitrine noires ; gorge blanche en hiver. Les jeunes n'ont aucune tache noire. — Séd., C. C.

77. — 2. B. JAUNE (*M. boarula*, Gmel.).

20ᵉ, dont 10 pour la queue. — Dessous jaune avec la gorge noire en été, rougeâtre sale en hiver. — D. P., A. G.

78. — 3. B. PRINTANNIÈRE (*M. flava*, Linn.).

26ᵉ,5 dont 7 pour la queue. — Ongle du pouce plus long que ce doigt. — ♂ Dessous jaune pur ; tête cendré-bleuâtre. — ♀ et ☿ jaune très-pâle en dessous. — Nid. C. C.

GENRE II. — **Pipit** (*Anthus*).

Anthus, de ἄνθος, fleur, nom latin d'un oiseau qui se nourrit de fleurs.

ESPÈCES.

1 {	Tarses et pieds brun-marron.	*P. spioncelle*, ɪ.
	Tarses et pieds jaunâtres.	2
2 {	Ongle du pouce plus long que ce doigt. . . .	*P. des prés*, ɪɪɪ.
	Ongle du pouce plus court que ce doigt. . .	*P. des arbres*, ɪɪ.

79. — 1. P. SPIONCELLE (*A. spinoletta*, Linn.).

17ᵉ. — Ongle du pouce plus long que ce doigt. 1ʳᵉ rémige égale à la 4ᵉ. Sourcils bruns. — Nid. A. R.

80. — 2. P. DES ARBRES (*A. arboreus*, Bechst.).

15ᵉ. — Ongle du pouce plus petit que ce doigt, arqué en quart de cercle. 1ʳᵉ rémige plus longue que la 4ᵉ. — Nid. C.

81. — 3. P. DES PRÉS (*A. pratensis*, Linn.).

15ᵉ. — Ongle du pouce plus long que ce doigt, peu arqué. 1ʳᵉ rémige égale à la 4ᵉ. — Nid. C.

C. PASSEREAUX GRANIVORES OU CONIROSTRES.

FAMILLE VIII.

ALAUDIDÉS.

Alaudidés, du Genre *Alauda*, ALOUETTE.

CAR. — Bec fort, conique, sans échancrure ; tarses forts ; rémiges secondaires échancrées à l'extrémité ; ongle du pouce presque droit et généralement plus long que ce doigt.

GENRE UNIQUE. — **Alouette** (*Alauda*).

Alauda, nom latin de l'Alouette.

ESPÈCES.

1 { 1ʳᵉ rémige beaucoup plus longue que la 4ᵉ. . *A. des champs*. ɪ,
  { 1ʳᵉ rémige égale à la 4ᵉ ou plus courte. . . . 2

2 { Une tache blanche à l'extrémité de la 3ᵉ rectrice
  {   externe . . . . *A. lulu*, ɪɪɪ.
  { Non . . . . *A. cochevis*, ɪɪ.

82. — 1. A. COMMUNE (*A. arvensis*, Linn.*).*

19ᵉ. — Pas de huppe. Les deux rectrices externes bordées de blanc en dehors. 1ʳᵉ rémige plus longue que la 3ᵉ. — Séd. en partie, C. C. C.

83. — 2. A. COCHEVIS (*A. cristata*, Linn.).

18ᵉ. — Une huppe formée de plumes étagées. Les deux rectrices externes bordées de roussâtre en dehors. — Séd., A. C.

84. — 3. A. LULU (*A. arborea*, Linn.).

15ᵉ. — Une petite huppe formée de plumes allongées. Une tache blanche à l'extrémité des trois rectrices externes. Un cercle blanc à la tête, passant au-dessus des yeux. — Nid. C.

FAMILLE IX.

PARIDÉS.

Paridés, du Genre *Parus*, Mésange.

Car. — Bec fort, court, conico-convexe, droit. 2ᵉ rémige (1) courte.

Genre unique. — **Mésange** (*Parus*).

Parus, pour *parvus*, petit, à cause de la petite taille des oiseaux de ce genre.

ESPÈCES.

1	Queue égale au corps, très-étagée.	2
	Queue beaucoup plus courte que le corps, non étagée	3
2	Queue fauve, bec orange.	*M. moustache*, vii.
	Queue noire et blanche, bec noir.	*M. à longue queue*, vi.
3	Une huppe.	*M. huppée*, iv.
	Pas de huppe.	4
4	Joues noires	*M. remiz*, viii.
	Joues blanches ou blanchâtres.	5
5	Vertex bleu	*M. bleue*. iii,
	Vertex noir	6
6	Une tache blanche sur la nuque.	*M. noire*, ii.
	Non	7
7	Rectrice externe blanche sur ses barbes externes	*M. charbonnière*, i.
	Rectrice externe brun-roussâtre	*M. nonnette*, v,

85. — 1. M. CHARBONNIÈRE (*P. major*, Linn.).

15ᶜ. — Jaune avec la tête, la gorge et le cou noirs, ainsi qu'une bande longitudinale sous l'abdomen; joues blanches, manteau vert-olive. — Séd., C.C.

86. — 2. M. NOIRE (*P. ator*, Linn.).

11ᶜ. — Cendrée dessus, blanchâtre dessous, avec la tête et le cou noirs, les joues et la nuque blanches, et deux bandes blanches sur l'aile. — D. P., R. R.

---

(1) V. le Vocabulaire, Vᵉ Rémige ; cette 2ᵉ rémige est ordinairement nommée la 1ʳᵉ.

87. — 3. M. BLEUE (*P. cæruleus*, Linn.).

11ᶜ. — Cendré-verdâtre dessus, dessous jaunâtre ; dessus de la tête, collier et tache sur l'abdomen, bleu-foncé ; joues blanches, gorge noire. — Séd., C. C.

88. — 4. M. HUPPÉE (*P. cristatus*, Linn.).

12ᶜ. — Une huppe ; gorge et collier noirs. — Acc. R. R.

89. — 5. M. NONNETTE (*P. palustris*, Linn.). La Nonnette cendrée, Buff.

12ᶜ. — Gris-roussâtre plus foncé dessus. Tète, nuque et gorge noires ; joues blanches. — Séd., C.

90. — 6. M. A LONGUE QUEUE. (*P. caudatus*, Linn.). — Vulg. *Queue de poêle.*

16ᶜ, dont moitié pour la queue. — Bec noir, blanchâtre dessous ; dessus varié de noir, de blanchâtre et de rouge vineux. Plumes soyeuses et décomposées. — Nid., C. C.

91. — 7. M. MOUSTACHE (*P. biarmicus*, Linn.). La Mésange barbue. Buff.

17ᶜ, dont moitié pour la queue. — Bec jaune ; dos et queue fauves. — ♂ Longues moustaches noires descendant le long du cou. — Acc., R. R.

92. — 8. M. REMIZ (*P. pendulinus*, Linn.).

10ᶜ. — Dos roux, joues noires. — ♂ Front noir, rejoignant les taches des joues. — Acc., R. R.

FAMILLE X.

FRINGILLIDÉS.

Fringillidés, du Genre *Fringilla*, GROS-BEC.

CAR. — Bec fort, conique, épais, quelquefois croisé ou bombé.

GENRES.

1 ⎰ Les deux mandibules s'entrecroisant sans se ⎱ rencontrer à la pointe.	*Bec-croisé*, II.
Non	2

2 { Toutes les rectrices entièrement noires. . . *Bouvreuil*, III.
  { Non 3

3 { Bords des mandibules très-rentrants en dedans. . *Bruant*, I.
  { Non . . . . *Gros-bec*, IV·

GENRE I. — **Bruant** *(Emberiza)*.

ESPÈCES.

1 { Queues sans taches blanches. · · · · · · · *B. proyer*, V·
  { Des taches blanches à la queue. 2

2 { 1re rémige au moins égale à la 3e 5
  { 1re rémige plus courte que la 3e 3

3 { Plumage plus ou moins jaunâtre. 4
  { Pas de jaune dans le plumage . . . . *B. des roseaux*, IV.

4 { Région du croupion fauve. . . . . *B. jaune*, I.
  { Région du croupion olivâtre. . . . . *B. zizi*, II.

5 { Pieds roussâtres . . . . *B. ortolan*, III.
  { Pieds brun-noirâtre. . . . . *B. de neige*, VI.

PREMIÈRE DIVISION : Un tubercule osseux au palais.

93. — 1. B. JAUNE *(E. citrinella*, Linn.). — Vulg. *Verdière*.
17e. — 1re rémige égale à la 4e. Région du croupion fauve. En été, tête et gorge d'un beau jaune-serin un peu tacheté d'olivâtre ; en hiver, ces taches cachent presque le jaune, surtout chez la femelle. — Séd. C.C.

94. — 2. B. ZIZI *(E. cirlus*, Linn.).
17e. — 1re rémige égale à la 4e. Région du croupion olivâtre. — ♂ Gorge noire, haut de la poitrine jaune-serin, plus foncé en été qu'en hiver ; tête cendré-olivâtre. — ♀ Ressemble à celle de l'espèce précédente en hiver, s'en distingue par la couleur du croupion. — Séd. C.C.

95. — 3. B. ORTOLAN *(E. hortulana*, Linn.).
16e. — 1re rémige un peu plus longue que la 3e. Bec rougeâtre, gorge jaune paille ; abdomen roux de rouille, plus foncé chez le ♂. — Nid. A.C.

96. — 4. B. DES ROSEAUX *(E. schœniculus*, Linn.).
15e. — 1re rémige plus courte que la 4e. Pas de jaune dans le plumage. — ♂ Tête, gorge et haut de la poitrine noirs ; un demi-collier, un trait sous l'œil

et toutes les parties inférieures, blancs. — ♀ Ressemble un peu à un jeune *passer domesticus.* — Nid. C.

97. — 5. B. PROYER (*E. miliaria*, Linn.).

19ᵉ. — 1ʳᵉ rémige plus courte que la 3ᵉ, plus longue que la 4ᵉ. Queue sans taches blanches. Pas de jaune dans le plumage, qui est tacheté à la façon de celui des alouettes. — Séd., A. C.

DEUXIÈME DIVISION : Pas de tubercule osseux au palais.

98. — 6. B. DE NEIGE (*E. nivalis*, Linn.).

17ʳ. — Ongle du pouce au moins aussi long que ce doigt. 1ʳᵉ et 2ᵉ rémiges les plus longues. Les trois rectrices externes blanches avec une ou deux taches noires. Parties inférieures blanches, avec une bande transversale roux de rouille sur la poitrine. — D. P., R. R.

GENRE II. — **Bec-croisé** (*Loxia*).

(de λοξός, oblique, contourné.)

99. — B.-C. COMMUN (*L. curvirostra*, Linn.).

16ᵉ. — Queue fourchue. — ♂ Rouge. ♀ Vert jaunâtre sale. — Acc., R. R.

GENRE III. — **Bouvreuil** (*Pyrrhula*).

πυρρίας, nom grec d'un oiseau ; venant de πυρρός, rougeâtre, πῦρ feu.

100. — B. COMMUN (*P. vulgaris*, Briss.).

15ᵉ : — Tête et gorge noires. — ♂ Poitrine et ventre roses, brun-sale chez la ♀. — Séd., A. C.

GENRE IV. — **Gros-bec** (*Fringilla*).

Fringilla ou *Frigilla,* nom du Pinson, oiseau qui chante en hiver, par le froid, *frigus.*

ESPÈCES.

Du blanc à la queue.	2
Pas de blanc à la queue.	7

2 { Queue arrondie. . . . . *G-b. soulcie*, III.
{ Queue fourchue ou échancrée. 3

3 { Un large miroir jaune sur les rémiges primaires *G-b.chardonneret*,XI.
{ Non 4

4 { Toutes les rectrices lisérées de blanc. . . *G-b. linotte*, VIII.
{ Non 5

5 { Pas de blanc à la 2ᵉ rectrice externe. . . . *G-b. d'ardennes*, VII.
{ Du blanc à la 2ᵉ rectrice externe. 6

6 { 5ᵉ rémige primaire coupée carrément. . . . *G-b. ordinaire*, I.
{ Non . . . . *G-b. pinson*, VI.

7 { Croupion jaune-verdâtre. 8
{ Non 9

8 { 1ʳᵉ rémige lisérée extérieurement de jaune. . *G-b. verdier*, II.
{ Non . . . . *G-b. tarin*, X.

9 { Pieds bruns. . . . . *G-b. sizerin*, IX.
{ Non 10

10 { Vertex rouge-bai. . . : . , ... *G-b. friquet*, V.
{ Vertex brun ou cendré . . . . *G-b. moineau*, IV,

101. — 1. G.-B. ORDINAIRE (*F. coccothraustes*, Linn.). Le Gros-bec, Buff. — Vulg. *Pinson gros-bec.*

18ᶜ. — Bec énorme, rémiges secondaires coupées carrément; une tache blanche sur les primaires. Queue terminée de blanc. — Gorge noire chez les adultes, jaunâtre chez les jeunes. — Nid., A.R.

102. — 2. G.-B. VERDIER (*F. chloris*, Linn.).

15ᶜ. — Barbe externe des rémiges primaires jaune; base des rectrices jaune. Queue fourchue. — Plumage vert-olive plus ou moins lavé de jaune et de cendré suivant les saisons. — Séd., A.C.

103. — 3. G.-B. SOULCIE (*F. petronia*, Linn.).

15ᶜ,5. — Queue égale, avec une tache blanche à l'extrémité de chaque rectrice; une tache jaune à la poitrine chez les adultes. Plumage cendré, flammé de brun en dessus. — Acc., R.R.

104. — 4. G.-B. MOINEAU (*F. domestica*, Linn.). — Vulg. *Passerat, pierrot, moineau franc.*

15ᶜ. — Dessus de la tête cendré-brun. — ♂ Gorge et devant du cou noirs; ♀ et ♀̅ mêmes parties blanchâtres. — Séd.,C. C. C.

105. — 5. G.-B. FRIQUET (*F. montana*, Linn.).

13e. — Dessus de la tête rouge-bai. Gorge et devant du cou noirs. Ressemble beaucoup du reste au précédent avec lequel il est ordinairement confondu. — Séd., C. C.

106. — 6. G.-B. PINSON (*F. cælebs*, Linn.).

17e. — Du blanc aux deux ou trois rectrices externes; deux bandes blanches sur l'aile. — ♂ Tête bleu-cendré; gorge, cou, poitrine, roux-vineux. — ♀ Entièrement grise. — Séd., C. C.

107. — 7. G.-B. D'ARDENNES (*F. montifringilla*, Linn.). Le Pinson d'Ardennes, Buff.

18e. — Du blanc seulement à la rectrice externe. — ♂ Tête noire; gorge, cou, poitrine, large bande sur l'aile, roux-jaunâtre vif. — ♀ Tête gris-brun; gorge, cou, poitrine, roux-jaunâtre très-clair. — D. P., C.

108. — 8. G.-B. LINOTTE (*F. cannabina*, Linn.). Vulg. *Linot*.

14e. — Du blanc à toutes les rectrices; rémiges noires liserées de blanc; gorge blanchâtre. Le mâle, au printemps, a le dessus de la tête et la poitrine d'un beau rouge sanguin. — Séd., C.

109. — 9. G.-B. SIZERIN (*F. linaria*, Linn.).

11e — Rémiges et rectrices uniformément brunes; gorge noire; dessus de la tête rouge. Le mâle au printemps a la poitrine d'un beau rouge. — D. P., A. C.

110 — 10. G.-B. TARIN (*F. spinus*, Linn.).

12e. — Croupion jaune, — ♂ Dessus de la tête, gorge, rémiges et rectrices, noirs; poitrine, base de la queue, taches sur les rémiges, d'un jaune-vif. — ♀ Gorge blanche; blanchâtre dessous, verdâtre dessus, avec quelques taches jaunes. — D. P., A. C.

111. — 11. G.-B. CHARDONNERET (*F. carduelis*, Linn.).

Les jeunes n'ont pas de rouge à la tête. — Séd., C. C.

D. PASSEREAUX ZYGODACTYLES.

(de ζυγὸς, exprimant réunion deux à deux ; et δάκτυλος, doigt.)

FAMILLE XI.

PICIDÉS.

Picidés, du Genre *Picus*, Pic.

Car. — Deux doigts devant, deux ou très rarement un seul derrière. Bec droit, fort. Langue très-longue et très-extensible.

GENRES.

1 { Pennes de la queue raides, élastiques, pointues,
    servant d'arcs-boutants pour grimper. . . . **Pic**, i.
    Non . . . . **Torcol**, ii.

GENRE I. — Pic (*Picus*).

Picus, nom latin du Pic vert.

ESPÈCES.

1 { Plumage verdâtre. 2
  { Plumage noir et blanc 3

2 { Iris blanc . . . . **P. vert**, i.
  { Iris rougeâtre. . . . . **P. cendré**, ii.

3 { Sous caudales rouges . . . . **P. épeiche**, iii.
  { Sous-caudales gris-terne . . . . **P. épeichette**, iv.

112. — 1. P. VERT (*P. viridis*, Linn.). — Vulg. *Picoussiau, pique-bois.*

30c. — Plumage verdâtre; dessus de la tête rouge. — ♂ moustaches rouges. — ♀ et ⚥ larges moustaches noires. — Séd., C. C.

113. — 2. P. CENDRÉ (*P. canus*, Gmel.). Confondu par Buffon avec le précédent.

30c. — Plumage verdâtre; dessus de la tête cendré; moustaches noires et étroites; le ♂ a le front rouge. — Séd., R.

114. — 3. P. ÉPEICHE (*P. major*, Linn.).

24ᶜ. — Plumage varié de blanc et de noir; sous-caudales rouges, flancs blancs. — ♂ Une tache rouge à l'occiput. — ♀ Pas de rouge à la tête. — ♀ Dessus de la tête rouge. — Séd., A. R.

115. — 4. P. ÉPEICHETTE (*P. minor*, Linn.).

15ᶜ. — Plumage varié de blanc et de noir; parties inférieures toutes d'un blanc terne. Le ♂ seul a le sommet de la tête rouge. — Séd., R.

GENRE II. — **Torcol** (*Yunx*).

Ἴυγξ, *torquilla*, noms grec et latin du torco.

116. — T. VERTICILLE (*Y. torquilla*, Linn.).

17ᶜ. — Plumage grivelé, brun et roussâtre. — Nid., A. C.

FAMILLE XII.

CUCULIDÉS.

Cuculidés, du Genre *Cuculus*, Coucou.

CAR. — Deux doigts devant, deux derrière. Bec un peu arqué; haut des tarses emplumé. Queue longue, étagée.

GENRE UNIQUE. — **Coucou** (*Cuculus*).

κόκκυξ, *cuculus*, coucou; noms imitatifs du cri de cet oiseau.

117. — C. GRIS (*C. canorus*, Linn.).

30ᶜ. — Tête, cou et parties supérieures d'un cendré-foncé plus ou moins roussâtre, tacheté de blanc chez les jeunes; abdomen blanc, barré de brun chez les adultes, de roussâtre chez les jeunes. — Nid., C.

—

E. PASSEREAUX TÉNUIROSTRES

(de *tenuis*, ténu ; *rostrum*, bec.)

FAMILLE XIII.

CERTHIADÉS.

Certhiadés, du Genre *Certhia*, GRIMPEREAU.

CAR. — Bec grêle, sans échancrure, aussi long ou plus long que la tête.

GENRES.

1	Bec droit.	*Sittelle*, I.
	Bec arqué	2
2	Rectrices raides, élastiques, pointues, aidant à grimper.	*Grimpereau*, II.
	Non.	*Tichodrome*, III.

GENRE 1. — **Sittelle** (*Sitta*, Linn.*).

σίττη, sorte de pic ; *sittace*, perroquet.

118. — S. TORCHEPOT (*S. europæa*, Linn.).
13ᶜ. — Cendré-bleuâtre en dessus, roux-jaunâtre en dessous ; une bande noire sur l'œil. — Séd., R.

GENRE II. — **Grimpereau** (*Certhia*).

Κέρθιος, nom grec de l'oiseau.

119. — G. FAMILIER (*C. familiaris*, Linn.).
12ᶜ. — Plumage varié de brun et de roussâtre. — Séd., C. C.

GENRE III. — **Tichodrome** (*Trichodroma*).

(de τεῖχος, mur, δρόμος, course : allusion aux habitudes de l'oiseau.)

120. — T. ÉCHELETTE (*T. phœnicoptera*, Temm.). — Le Grimpereau de muraille, Buff.
17ᶜ. — Cendré plus foncé dessous, avec les rémi-

ges et les rectrices noires; une tache blanche sur les
quatre premières rémiges; sur l'aile un grande tache
d'un rose vif. — Acc., R.R.

FAMILLE XIV.

UPUPIDÉS.

Upupidés, du Genre *Upupa*, HUPPE.

CAR. — Bec plus long que la tête et que le tarse. Pouce épaté.
Huppe composée de deux rangées de plumes.

GENRE UNIQUE. — **Huppe** (*Upupa*).

Upupa, nom latin de l'oiseau.

121.— H VULGAIRE (*U. epops*, Linn).
30c. — Roux-jaunâtre; ailes et queue noires, bar-
rées de blanc. Huppe de 6c, d'un roux vif, avec du
noir au bout des plumes. — Nid., A.C.

—

F. PASSEREAUX SYNDACTYLES.

σὺν, exprimant réunion; δάκτυλος, doigt.

FAMILLE XV.

MÉROPIDÉS.

Méropidés, du Genre *Merops*, GUÊPIER.

CAR. — Bec arqué. Tarses courts. Ailes et queue longues.

GENRE UNIQUE. — **Guêpier** (*Merops*).

μέροψ, *mérops*, noms d'un oiseau qui mange les abeilles.

122. — G. VULGAIRE (*M. apiaster*, Linn.).
28c. — Vert dessous; roux et fauve dessus; gorge
jaune d'or avec un demi-collier noir. Chez les adultes,
les deux rectrices médianes dépassent les latérales de
2c. — Acc., R.R.R.

FAMILLE XVI.

ALCÉDINIDÉS.

Alcédinidés, du Genre *Alcedo*, MARTIN-PÊCHEUR.

CAR. — Bec droit, anguleux, plus long que la tête. Tarses courts. Ailes et queue courtes.

GENRE UNIQUE. — **Martin-pêcheur** (*Alcedo*).

ἀλκυων, *alcyon, alcedo*, noms d'un oiseau inconnu qui faisait son nid sur le bord de la mer.

123. — M.-P. ALCYON (*A. ispida*, Linn.). — Vulg. *Pivert, martinet.*
12ᶜ, sans le bec qui en mesure de 3 à 4. — Vert-bleuâtre dessus avec la queue bleue et une tache blanche derrière l'oreille. Les adultes sont roux-vif dessous, et leur bec est rouge et noir. — Séd., G.

—

G. PASSEREAUX FISSIROSTRES.

FAMILLE XVII.

CHÉLIDONIDÉS.

Chélidonidés, de χελιδών, *Chelidon*, HIRONDELLE.

CAR. — Bec court, très-large, aplati, extrêmement fendu. Ailes très-longues, aigües ou sur-aigües. Pieds courts.

GENRES.

1 {	Ongle du doigt médian dentelé sur son bord interne	*Engoulevent*, III.
	Non . . . . . . , ...	2
2 {	3 doigts en avant, un en arrière	*Hirondelle*, I.
	Les quatre doigts en avant.	*Martinet*, II.

GENRE I. — **Hirondelle** *(Hirundo)*.

Hirundo, nom latin de l'hirondelle.

			ESPÈCES.
1	{	Parties inférieures entièrement blanches . . .	*H. de fenêtre*. II.
	{	Non	2
2	{	Gorge blanche.	*H. de rivage*, III.
	{	Gorge rousse	*H. de cheminée*, I.

124. — 1. H. DE CHEMINÉE (*H. rustica*, Linn.).

18ᶜ. — Front et gorge roux-marron chez les adultes, les rectrices externes dépassant les médianes de 6ᶜ. — Nid., C. C. C.

125. — 2. H. DE FENÊTRE (*H. urbica*, Linn.). — Vulg. *H. cul-blanc*.

14ᶜ. — Noire dessus, blanche dessous, sans aucune tache. Tarses et pieds emplumés. — Nid., C. C. C.

126. — 3. H. DE RIVAGE (*H. riparia*, Linn.).

14ᶜ. — Grise dessus, blanche dessous, avec une bande d'un brun-gris en forme de ceinture. Niche dans des trous creusés dans les berges escarpées. —Nid., C.

GENRE II. — **Martinet** *(Cypselus)*

κύψελος, nom grec du martinet, venant de κύψελη, trou, allusion aux trous où niche cet oiseau.

127. — M. NOIR (*C. apus*, Illig.).

22ᶜ. — Noir, avec la gorge d'un blanc cendré. — Nid., C. C.

GENRE III. — **Engoulevent** *(Caprimulgus)*.

(de *capra*, chèvre, et *mulgeo*, téter ; allusion à une erreur populaire.)

128. — E. VULGAIRE (*C. europæus*, Linn.). — Vulg. *Crapaud-volant, abafou, tête-chèvre*.

28ᶜ. — Bec énormément fendu. Plumage très moëlleux, varié de gris, de brun et de roussâtre. Oiseau crépusculaire. — Nid., A. C.

ORDRE III.

PIGEONS.

Car. — Bec droit ; narines percées dans une membrane renflée, située à la base de la mandibule supérieure, et recouvertes d'une écaille membraneuse. Doigts entièrement divisés ; le pouce articulé au niveau des trois autres.

Les petits sont nourris quelque temps au nid par la mère.

FAMILLE UNIQUE.

COLOMBIDÉS.

Colombidés, du Genre *Columba*, Pigeon.

Genre unique. — **Pigeon** (*Columba*).

Columba, nom latin du pigeon ; de κόλυμβος plongeur, nageur, par comparaison avec le vol puissant de cet oiseau.

ESPÈCES.

1	Queue terminée de blanc.	*C. tourterelle*, III.
	Non	2
2	Bord externe des ailes, blanc	*C. ramier*, I.
	Bord externe des ailes, noir.	*C. colombin*, II.

129. — 1. C. RAMIER (*C. palumbus*, Linn.).

45c. — Large tache blanche sur les couvertures de l'aile ; chez les adultes, de chaque côté du cou un espace blanc et des reflets métalliques. — Nid., A.C.

130. — 2. C. COLOMBIN (*C. œnas*, Linn.).

35c. — Plumage bleuâtre ; poitrine couleur lie de vin ; des reflets verts métalliques sur les côtés du cou chez les adultes. — Acc., R.R.

131. — 3. C. TOURTERELLE (*C. turtur*, Linn.).

28°. — Manteau roux et noir. Les adultes ont la poitrine rose, et des croissants noirs et blancs sur les côtés du cou. — Nid., C. C.

ORDRE IV.

GALLINACÉS.

Car. — Bec voûté; narines percées dans une membrane située à la base de la mandibule supérieure, et recouvertes d'une écaille membraneuse. Doigts antérieurs réunis par une membrane; le pouce articulé plus haut que les doigts antérieurs.

Les petits courent au sortir de l'œuf.

FAMILLES.

Tarses et doigts revêtus de plumes.	*Tétraonidés*, I.
Tarses nus.	*Perdicidés*, II.

FAMILLE I.

TÉTRAONIDÉS.

Tétraonidés, du Genre *Tétrao*, TÉTRAS.

Car. — Pieds vêtus au moins jusqu'aux doigts. Une bande papil-leuse au-dessus des yeux.

GENRE UNIQUE. — **Lagopède** (*Lagopus*).

(de λαγός, lièvre, et πούς, ποδός, pied (1), à cause de ses pieds garnis de plumes.)

132. — L. ALPIN (*L. alpinus*, Keys et Blas.).

33°. — Roux en été, blanc en hiver. Au mois d'octobre 1861, un individu de cette espèce est venu se faire tuer aux environs d'Auxerre.

---

(1) Pedes leporino villo nomen ei hoc dedere. PLINE, *Hist. nat.*, liv. IX.

FAMILLE II.

PERDICIDÉS.

Perdicidés, du Genre *Perdix*, Perdrix.

Car. — Tarses nus, scutellés. Ailes concaves. Queue arrondie.

Genre II. — **Perdrix** (*Perdix*).

περδιξ, *perdix*, noms grec et latin de la perdrix.

ESPÈCES.

1 { Tour de l'œil nu. . . . . : . 2
  { Tour de l'œil emplumé . . . . **P. caille**, III.

2 { Bec et pieds rouges. . . . . **P. rouge**, I.
  { Non . . . . **P. grise**, II.

133. — 1. P. ROUGE (*P. rubra*, Briss.).

On distingue les mâles à la présence d'un tubercule osseux aux tarses. Les plus gros individus de cette espèce sont désignés vulgairement, mais très-improprement, sous le nom de *Bartavelle*. La Bartavelle est une espèce très-différente qui habite la Suisse, le Dauphiné, etc. — Séd., C.

134. — 2. P. GRISE (*P. cinerea*, Briss.).

La petite perdrix grise, dite de passage, qui se présente irrégulièrement dans nos contrées, ne doit pas encore, dans l'état actuel des choses, être considérée comme une espèce. — Séd., C. C.

135. — 3. P. CAILLE (*P. coturnix*, Linn.).

Le ♂ a la gorge brune, la ♀ la gorge blanche. — Nid., C. C.

ORDRE V.

ÉCHASSIERS.

Car. — Bas des jambes nu (1). Jambes et tarses généralement très élevés.

			FAMILLES.
1	{	Ongle du doigt médian dentelé sur son bord interne.	*Ardéidés*, IV. (Genre Héron.)
		Non	2
2	{	Pieds palmés.	*Récurvirostridés.* VI.
		Non	3
3	{	Bec plus court que le doigt médian sans l'ongle.	4
		Bec plus long que le doigt médian sans l'ongle.	6
4	{	Doigt médian au moins égal au tarse.	*Rallidés*, VII.
		Doigt médian beaucoup plus court que la tarse.	5
5	{	Pas de pouce, et 3ᵉ rémige la plus longue. . .	*Otidés*, I.
		Non	*Charadridés*. II.
6	{	Bec long, grèle, faible, à pointe mousse	*Scolopacidés*. V.
		Bec gros, fort, pointu ou spatuliforme. . . .	7
7	{	Pouce appuyant à terre sur toute son étendue. .	*Ardéidés*. IV.
		Pouce atteignant à peine la terre..	*Gruidés*, III.

A. ÉCHASSIERS PRESSIROSTRES.

Pressé, brièvement; *rostrum,* bec.

FAMILLE I.

OTIDÉS.

Otidés, du Genre *Otis,* Outarde.

Car. — Bec plus court que la tête. Trois doigts courts, réunis à leur base par une petite membrane. Ailes et queue courtes.

---

(1) Excepté la Bécasse commune et le Héron Blongios.

GENRE UNIQUE. — **Outarde** (*Otis*).

ὠτίς, *otis*, noms grec et latin d'une outarde.

ESPÈCES.

1 { Taille de 1ᵐ environ . . . . *O. barbue*, ɪ.
{ Taille de 50ᶜ environ. . . . . *O. canepetière*, ɪɪ.

136. — 1. O. BARBUE (*O. tarda*, Linn., d'où par contraction outarde).

1ᵐ. — Blanche dessous, dessus roux rayé de noir. Le ♂ est plus gros que la ♀, et se distingue par de longues moustaches à la mandibule inférieure. — Acc., R. R.

137. — 2. O. CANEPETIÈRE (*O. tetrax*, Linn.).

45ᶜ. — Roux varié de brun, avec l'abdomen blanc. Le ♂ possède en été un double collier noir et blanc. — Acc., R.

FAMILLE II.

CHARADRIDÉS.

Charadridés, du Genre *Charadrius*, PLUVIER.

CAR. — Bec plus court que la tête. Pouce nul ou très-court. Ailes et queue allongées.

GENRES.

1 { Un pouce . . . . *Vanneau*, ɪɪɪ.
{ Pas de pouce. 2

2 { Queue étagée. Les trois doigts réunis à leur base
{   par une membrane . . . . *OEdicnème*, ɪ.
{ Non . . . . *Pluvier*, ɪɪ.

GENRE I. — **OEdicnème** (*OEdicnemus*).

οἰδάω, enfler ; κνήμη, jambe.

138. — OE. CRIARD (*OE. crepitans*, Lemm.). Le grand pluvier, Buff. — Vulg. *Courlis de terre, turlu*.

42ᶜ. — Jaune-roussâtre, flammé de brun en dessus,

avec des stries longitudinales brunes à la poitrine. Œil très-gros. Les jeunes ont le haut du tarse très renflé, d'où est venu le nom du genre. — Séd., A. C., en troupes sur les vastes plateaux dénudés.

GENRE II. — **Pluvier** (*Charadrius*).

χαραδριός, nom grec d'un oiseau.

ESPÈCES.

1	Baguette de la 1re rémige moitié blanche, moitié brune	*P. doré*, I.
	Baguette de la 1re rémige entièrement blanche.	2
2	Baguette de la 2e rémige moitié blanche, moitié brune.	*P. à collier interr.*, IV.
	Baguette de la 2e rémige entièrement brune.	3
3	Un plastron noir.	*P. à collier (petit)*, III.
	Pas de plastron	*P. guignard*, II.

139. — 1. P. DORÉ (*Ch. pluvialis*. Linn.).

27c. — Dessus noir, tacheté de jaune doré ; parties inférieures blanchâtres, avec des taches brunes, jaunâtres et cendrées au cou et à la poitrine. Baguette des rémiges brune avec le tiers postérieur blanc. — D. P., A. C.

140. — 2. P. GUIGNARD (*Ch. morinellus*, Linn.).

23c. — Dessus noirâtre varié de roussâtre ; un trait blanc derrière l'œil ; gorge blanche, poitrine grise, séparée de l'abdomen roux par un ceinturon blanc. Baguette de la 1re rémige blanche, les autres brunes. — D. P., R. R.

141. — 3. P. A COLLIER (PETIT) (*Ch. minor*, Mey et Wolf.).

13c. — Front, gorge et collier blancs, ainsi que toutes les parties inférieures. Lorums, une bande transversale entre les yeux et plastron, noirs chez les adultes, noirâtres chez les jeunes. Bec noir, pieds jaunes. Baguette de la 1re rémige blanche, les autres brunes. — D. P., A. C.

142. — 4. P. A COLLIER INTERROMPU (*Ch. cantianus*, Lath.).

15c. — Front, sourcils, bande sur la nuque et parties inférieures d'un blanc pur ; lorums, une tache sur la tête et un autre de chaque côté de la poitrine, noirs. Bec et pieds noirs. Baguette de la 1re rémige blanche, les autres blanches de l'extrémitéau milieu seulement.

Ces deux espèces ont été confondues par Buffon, avec le grand pluvier à collier (*Ch. hiaticula*, Linn.) sous le nom de Pluvier à collier. — D. P., R.

GENRE III. — **Vanneau** (*Vanellus*).

1 43. — V. HUPPÉ (*V. cristatus*, Meyer). Le Vanneau, Buff.
35ᶜ. — Une huppe chez l'adulte ; vert-bronze dessus, blanc dessous, plastron noir. — D. P., quelques-uns restent pour nicher. C.

—

B. ÉCHASSIERS CULTRIROSTRES

(de *culter*, couteau ; *rostrum*, bec.)

FAMILLE III.
GRUIDÉS.

Gruidés, du Genre *Grus*, GRUE.

CAR. — Bec droit plus long que le doigt médian ; Tarses longs ; doigts courts ; doigts médian et externe unis à leur base par un membrane ; pouce très-court, atteignant à peine la terre.

GENRE UNIQUE. — **Grue** (*Grus*).

γέρανος, *grus*, grue ; de γέρων, vieillard, à cause de la tête chauve de l'oiseau.

144. — G. COMMUNE (*G. cinerea*, Bechst.).
1ᵐ25ᶜ. — Plumage gris-cendré. Sommet de la tête chauve et rouge chez les adultes, emplumé chez les jeunes. — D. P., A. C.

FAMILLE IV.

ARDÉIDÉS.

Ardéidés, du Genre *Ardea*, Héron.

Car. — Une membrane au moins entre le doigt médian et l'externe ;
pouce long et appuyant sur le sol par toute son étendue.

GENRES.

1 { Bec élargi en spatule à l'extrémité.	*Spatule*. iii.
Non	2

2 { Ongle du doigt médian dentelé sur son bord interne.	*Héron*, i.
Non	*Cigogne*, ii

Genre I. — **Héron** (*Ardea*).

ἐρωδιὸς, *ardea*, noms grec et latin du héron.

ESPÈCES.

1 { Bas des jambes emplumé.	*H. blongios*. v.
Bas des jambes nu.	2

2 { Derrière du cou sans plumes	*H. butor*. iv.
Cou totalement emplumé.	3

3 { Doigt médian (y compris l'ongle) beaucoup plus court que le tarse.	*H. cendré*, i.
Doigt médian (y compris l'ongle) égal au tarse ou plus long.	4

4 { Partie nue des jambes égale au moins à la moitié de la longueur du tarse.	*H, pourpré*, ii.
Partie nue des jambes égale au plus au tiers de la longueur du tarse.	5

5 { Iris rouge, rémiges primaires brun-cendré. . .	*H. bihoreau*, vi.
Iris jaune, rémiges primaires blanches	*H. crabier*, iii.

145. — 1. H. CENDRÉ (*A. cinerea*, Linn.).

1ᵐ et plus. — Plumage cendré. Chez les sujets
âgés de 3 ans, une aigrette noire à la tête, et de longues plumes blanches au bas du cou. — Séd., C.

146. — 2. H. POURPRÉ (*A. purpurea*, Lin.).

80ᶜ environ. — Plumage pourpre, roux et cendré-
roux ; bec de 12ᶜ environ. Chez les adultes : dessus de la
tête noir, avec deux longues plumes subulées noires ;

scapulaires et plumes du bas du cou longues, effilées et subulées.

147. — 3. H. CRABIER (*A. comata*, Pall.). Crabier de Mahon et Crabier caiot, Buff

40ᶜ. — Plumage blanc avec le cou et le manteau roux. De longues plumes pendantes à la nuque et au dos chez les adultes. — D. P., R. R.

148. — 4. H. BUTOR (*A. stellaris*, Linn.). — Vulg. *Bihour*.

65ᶜ. — Roux-jaunâtre varié de noirâtre. Derrière du cou sans plumes et duveteux. — Séd., A. R.

149. — 5. H. BLONGIOS (*A. minuta*, Linn.).

35ᶜ. — Noir dessus, roux dessous ; les jeunes sont bruns dessus, avec le vertex et la nuque noirs, et le dessous blanchâtre, flammé de roux. Derrière du cou sans plumes et poilu. Jambes complétement emplumées. — Séd., A. R.

150. — 6. H. BIHOREAU (*A. nycticorax*, Linn.). Le Bihoreau (âge adulte). le Pouacre (jeune âge), Buff.

50ᶜ. — Bec épais, très-haut. Les adultes sont blancs avec la tête et le dos noirs et quelques longues plumes blanches à l'occiput. Les jeunes sont gris en dessous, brun-roussâtre en dessus, sans longues plumes. — D. P., R. R.

GENRE II. — **Cigogne** (*Ciconia*).

Ciconia, nom latin de la cigogne.

ESPÈCES.

Tête et cou noirs.	C. *noire*, ii.
Tête et cou blancs.	C. *blanche*, i.

151. — 1. C. BLANCHE (*C. alba*, Briss.).

1ᵐ20ᶜ. — Blanche avec les ailes noires. Bec rouge chez les adultes, brun-rouge chez les jeunes. — D. P., A. C.

152. — 2. C. NOIRE (*C. nigra*, Bechst.).

1ᵐ. — Plumage brun-noirâtre, avec l'abdomen blanc. — Acc., R. R. R.

GENRE III. — **Spatule** (*Platalea*).

Platalea, nom latin d'un oiseau, probablement du pélican.

153. — S. BLANCHE (*P. leucorodia*, Linn.).
70°. — Blanche; une huppe chez les adultes. —
D. P., R. R.

C. ÉCHASSIERS LONGIROSTRES.

FAMILLE V.

SCOLOPACIDÉS.

Scolopacidés, du Genre *Scolopax*, BÉCASSE.

CAR. — Bec au moins aussi long que la tête, le plus souvent cylindrique, renflé à son extrémité, sillonné sur sa mandibule supérieure; pouce nul ou assez petit.

GENRES.

1	Un pouce	**2**
	Pas de pouce.	*Echasse*, VIII.
2	Bec très-long (au moins 8°), et très-recourbé en bas.	3
	Non	4
3	Lorums nus	*Ibis*. I.
	Lorums emplumés.	*Courlis*, II.
4	Bec mou et renflé à sa pointe	*Bécasse*, VI.
	Non	5
5	Une membrane unissant le doigt médian à l'externe jusqu'à la 2° phalange.	6
	Doigts sans membrane : à peine un simple repli.	*Bécasseau*, VII.
6	Sillon des narines ne dépassant pas les deux-tiers du bec	*Chevalier*. IV.
	Sillon des narines allant presque jusqu'à l'extrémité du bec.	7
7	Bec beaucoup plus long que la tête.	*Barge*, III.
	Bec à peine plus long que la tête.	8
8	Baguettes des rémiges blanches.	*Combattant*, V.
	Baguettes des rémiges brunes	*Chevalier*, IV.

Esp. Ch. guignette.

Genre I. — **Ibis** (*Ibis*).

Ἴβις, *ibis*, noms de l'ibis égyptien.

154. — I. FALCINELLE (*I. falcinellus*), Linn.). Le Courlis vert (Buff.)

60ᶜ, dont 11 pour le bec. — Marron, avec les ailes et la queue vert-bronze à reflets violets. — Acc., R. R. R.

Genre II. — **Courlis** (*Numenius*).

νουμήνιος, nom grec du courlis,

ESPÈCES.

{ Bec moindre que 10ᶜ.	*C. corlieu*, ii.
{ Bec plus long que 10ᶜ.	*C. cendré*, i.

155. — 1. C. CENDRÉ, (*N. arquata*, Linn.). Le Courlis, Buff.

60ᶜ, dont 15 pour le bec. — Plumage cendré-roussâtre, flammé de brun. Gorge et bas de l'abdomen blancs. — Nid., A. R.

156. — 2. C. CORLIEU (*N. phæophus*, Lath.). Le petit Courlis, Buff.

45ᶜ, dont 9 pour le bec. — Plumage très-semblable au précédent. — Acc., R. R.

Genre III. — **Barge** (*Limosa*).

(de *limosus*, vaseux, bourbeux ; allusion aux habitudes de ces oiseaux).

157. — B. A QUEUE NOIRE (*L. ægocephala*, Linn.).

41ᶜ. — Bec droit. Queue blanche, largement terminée de noir. — Acc., R. R.

Genre IV. — **Chevalier** (*Totanus*).

Totano, nom italien d'un oiseau de rivage.

PREMIÈRE DIVISION : Bec un peu retroussé en haut.

158. — 1. CH. ABOYEUR (*T. glottis*, Temm.). La Barge aboyeuse, Buff. — Vulg. *Ch. à pieds verts*.

35ᵉ. — Plumes des parties supérieures brun-noirâtre. bordées de blanc. Croupion blanc; baguette de
la 1ʳᵉ rémige blanche. Queue striée de brun et de
blanc, avec les trois rectrices externes blanches sur
leurs barbes internes. Dessous de l'aile varié de brun
et de blanc. Pieds verts. — D. P., R.

DEUXIÈME DIVISION : Bec droit.

		ESPÈCES.
1	Baguette de la 1ʳᵉ rémige, blanche 2	
	Non 4	
2	Moitié postérieure des rémiges secondaires, blan-che.	Ch. gambette, III.
	Non 3	
3	Barbes internes des trois rectrices externes blanches.	Ch. sylvain, IV.
	Rectrices externes semblables aux autres . . .	Ch. arlequin, II.
4	Tiers antérieur de la queue d'un blanc pur. .	Ch. cul-blanc, V.
	Non	Ch. guignette, VI.

159. — 2. CH. ARLEQUIN (*T. fuscus*, Linn.). La Barge brune,
Buff.

32ᵉ. — Dessous de l'aile d'un blanc pur ; bec brun
avec la moitié basilaire de la mandibule inférieure
rouge; pieds brun rougeâtre. Plumage extrêmement
variable, presque noir en été. — D. P., R. R.

160. — 3. CH. GAMBETTE (*T. calidris*, Linn.). En été, Ch. à
pieds rouges; en hiver, Ch. rayé, Buff.

28ᵉ. — Dessus brun cendré sans taches ; croupion
blanc. Moitié postérieure des rémiges secondaires,
blanche. Rectrices rayées de blanc et de brun. Dessous de l'aile blanc. Bec brun, avec la base des deux
mandibules rouge. Pieds rouges. — Nid., A. C.

161. — 4. CH. SYLVAIN (*T. glareola*, Linn.).

23ᵉ. — Dessus brun-foncé tacheté de roussâtre ;
croupion blanc. Rectrices rayées de blanc et de brun,
avec les barbes internes des trois plus externes entièrement blanches. Dessous de l'aile blanc, varié de
brun. Bec noirâtre. Pieds verdâtres.

162. — 5. CH. CUL-BLANC (*T. ochropus*, Linn.). Le Bécas-
seau, Buff.

21°. — Dessus brun-olivâtre, finement tacheté de roussâtre; croupion blanc. Rectrices blanches dans leur tiers antérieur, rayées de brun sur le reste de leur étendue, les deux externes presque entièrement blanches. Dessous de l'aile brun, finement strié de blanc. Bec noirâtre; pieds cendré-verdâtre. — Nid., A. C.

163. — 6. CH. GUIGNETTE (*T. hypoleucos*, Linn.).

18°. — Dessus brun-olivâtre, strié de brun et de roussâtre; croupion semblable. Rectrices rayées de brun et de blanc, les médianes brun-olivâtre. Dessous de l'aile blanc. Bec cendré, pieds cendré-verdâtre. — Nid., C.

Genre V. — **Combattant** (*Machetes*)

(de μαχητής, guerrier; allusions aux mœurs belliqueuses des mâles.)

164. — C. ORDINAIRE (*M. pugnax*, Linn.).

30°. — Plumage extrêmement variable. En été, les mâles portent une énorme collerette, et de larges oreillons; leur face se hérisse de papilles charnues.— D. P., R. R.

Genre VI. — **Bécasse** (*Scolopax*).

σκολόπαξ, *scolopax*, bécasse; de σκόλοψ, pieu: allusion à la forme du bec.

ESPÈCES.

1 { Bas des jambes emplumé	*B. ordinaire*, 1.
{ Bas des jambes nu.	2
2 { Barbes externes de la 1re rémige, blanches. . .	*B. bécassine*, II.
{ Barbes externes de la 1re rémige, brunes. . . .	*B. sourde*, III.

165. — 1. B. ORDINAIRE (*S. rusticola*, Linn.).

40 à 50°. — Dessus varié de roussâtre, de noir et de cendré, avec deux bandes noires derrière l'occiput. Dessous jaunâtre strié transversalement de brun. Bas des jambes emplumé. — D. P., quelques-unes restent pour nicher. C.

166. — 2. B. BECASSINE (S. *gallinago*, Linn.).

25°. — Plumage varié de roussâtre et de noir. Abdomen blanc ; deux raies longitudinales noires sur la tête. Baguette de la 1re rémige brune. — Nid. C. C.

167. — 3. B. SOURDE (S. *gallinula*), Linn.).

17°. — Ressemble à la précédente, mais n'a sur la tête qu'une large raie longitudinale noire. — Nid., C. C.

GENRE VII. — **Bécasseau** (*Tringa*)

(de τέτριγα ou τρίγα, pousser un petit cri aigu ; onomatopée.)

ESPÈCES.

1 {	Doigt médian plus long que le tarse.	*B. violet*, I.
	Non	2
2 {	Bec presque droit	*B. brunette*, III.
	Bec notablement courbé en bas	*B. cocorli*, II.

168. — 1. B. VIOLET (*T. maritima*, Brünn.).

20°. — Bec brun avec la base rougeâtre, droit, à peine plus long que la tête ; pieds jaune-roussâtre ; doigts bordés d'une membrane, le médian plus long que le tarse. — Acc., R. R.

169. — 2. B. COCORLI (*T. subarcuata*, Temm.). L'alouette de mer, Buff.

20°. — Bec noir, presque double de la tête, très-sensiblement courbe. Doigts sans bordure, le médian plus court que le tarse. — Acc. R. R.

170. — 3. B. BRUNETTE (*T. alpina*, Linn.).

20°. — Bec noir, plus long que la tête, presque droit ; doigts sans bordure, le médian plus court que le tarse. — Acc., R. R.

GENRE VIII. — **Echasse** (*Himantopus*)

(de αἷμα, αἷματος, sang, et πούς, pied : allusion à la couleur des pieds.)

171. — E. A MANTEAU NOIR (*H. melanopterus*, Mey.).

50° env. — Blanche, avec la tête, le dos et les ailes noires. Pieds rouges. Bec 7° ; tarse 13° : doigt médian, 4°. — Acc., R. R. R.

D. ÉCHASSIERS PALMIPÈDES.

FAMILLE VI.

RÉCURVIROSTRIDÉS.

Récurvirostridés, du Genre *Recurvirostra*, AVOCETTE.

CAR. — Les trois doigts antérieurs palmés ; pouce libre et court. Bec plus long que la tête, recourbé vers le haut en demi cercle.

GENRE UNIQUE. — **Avocette** (*Recurvirostra*).

Recurvum, recourbé, *rostrum,* bec.

172. — A. A NUQUE NOIRE (*R. avocetta,* Linn.).
45°. — Bec très-grêle et très-recourbé en haut. Doigts antérieurs réunis jusqu'à la 2° articulation. Blanche dessous et noire dessus. — Acc., R. R. R.

E. ÉCHASSIERS MACRODACTYLES.

μακρὸς, grand, long ; δακτύλος, doigt.

FAMILLE VII.

RALLIDÉS.

Rallidés, du Genre *Rallus,* RALE.

CAR. — Bec ordinairement plus court que la tête, comprimé. Doigts antérieurs longs, le médian au moins égal au tarse.

GENRES.

1 { Une large membrane festonnée le long de chaque doigt . . . . *Foulque,* III.
Non . . . . . . , ... 2

2 { Bec se prolongeant en une plaque frontale nue. *Poule-d'eau*, ii.
{ Non . . . . *Râle*, i.

Genre I. — **Râle** (*Rallus*).

Première Division : Bec plus long que la tête.

173. — R. D'EAU (*R. aquaticus*, Lin.). Vulg. *Troquet.*
27ᶜ. — Cendré-bleuâtre dessous ; olivâtre flammé
de noir en dessus. Doigt médian plus long que le
tarse. — Nid., C.

Deuxième Division : Bec égal à la tête, ou plus court.

		espèces.
1 {	Couvertures alaires roux de rouille.	*R. de genêt*. i.
{	Non . . . : , ...	2
2 {	1ʳᵉ rémige bordée extérieurement de blanc. . .	3
{	Non	*R. poussin*, iii.
3 {	Poitrine olivâtre, piquetée de blanc.	*R. marouette*, ii.
{	Poitrine cendré-bleu	*R baillon*, iv.

174. — 1. R. DE GENÊT (*R. crex*, Lin.). Vulg. *Roi de cailles.*
25ᶜ. — Roux olivâtre flammé de brun en dessus ;
roussâtre en dessous. Ailes atteignant presque le bout
de la queue. — Nid., C.

175. — 2. R. MAROUETTE (*R. porzana*, Linn.). Vulg. *Caille d'eau.*
20ᶜ. — Olivâtre flammé de brun et de blanc sur le
dos et la tête, piqueté de blanc pur sur toutes les
autres parties. Bec verdâtre avec la base rouge.
Ailes atteignant le tiers postérieur de la queue. —
Nid., C.

176. — 3. R. POUSSIN (*R. pusillus*, Pall.).
18ᶜ. — Dessus olivâtre largement flammé de brun ;
pas de blanc à la 1ʳᵉ rémige. Ailes atteignant le bout
de la queue. Parties inférieures ardoisées chez le ♂,
rousses chez la ♀. — Acc., R.R.R.

177. — 4. R. BAILLON (*R. baillonii*, Vieill.).
17ᶜ. — Ailes atteignant le milieu de la queue. Olivâtre dessus, flammé de brun et de blanc. Au prin-

temps : cou et poitrine cendré-bleu; abdomen noir, rayé de blanc. A l'automne : cou et abdomen blancs, poitrine marquée de brun. — Acc., R.R.R.

GENRE II. — **Poule-d'eau** (*Gallinula.*).

Gallinula, petite poule.

178. — P. D'EAU ORDINAIRE (*G. chloropus*, Lath.).

35ᶜ. — Bleu-noirâtre, avec le dos brun-olivâtre, chez l'adulte ; la plaque frontale roux-vif au printemps, livide à l'automne. Les jeunes sont d'un cendré-oli. vâtre, avec une plaque frontale presque nulle. — Séd., C.

GENRE III. — **Foulque** (*Fulica.*).

Fulica, nom latin de la foulque; de *fuligo*, suie, à cause de sa couleur.

179. — F. MACROULE (*F. atra et F. aterrima*, Linn.). La Foulque et la Macroule, Buff. — Vulg. *Judelle.*

45ᶜ. — Noire dessus, cendré-noir dessous ; la plaque frontale blanc-rosé au printemps, blanc-mat à l'automne. — D.P., A.R.

———

ORDRE IV.

PALMIPÈDES.

Palma, paume de la main, partie large d'une rame ; *pes, pedis*, pied.

CAR. — Jambes de longueur médiocre. Pieds palmés, placés plus ou moins à l'arrière du corps. Plumage serré, duveteux, huileux. Vie aquatique.

FAMILLES.

1 {	Bec garni sur ses bords de lames ou de dents .	*Anatidés*, III.
	Non	2
2 {	Pouce considérable, pris dans la palmature . .	*Pélécanidés*, II.
	Pouce libre.	3

<table>
<tr><td rowspan="2">3</td><td>Ailes très-longues, atteignant ou dépassant le bout de la queue. . . . .</td><td>*Laridés*, ɪ.</td></tr>
<tr><td>Ailes très-courtes, n'atteignant jamais le bout de la queue. . . . .</td><td>*Colymbidés*, ɪv.</td></tr>
</table>

--

A. PALMIPÈDES LONGIPENNES.

FAMILLE I.

LARIDÉS.

Laridés, du Genre *Larus*, GOELAND.

CAR. — Bec sans dentelures, crochu ou pointu. Jambes médiocres, nues par le bas, presque à l'équilibre du corps. Pouce libre ou nul. Ailes très-longues et très pointues, dépassant la queue.

GENRES.

<table>
<tr><td rowspan="2">1</td><td>Bec recouvert en partie par une membrane.</td><td>*Stercoraire*, ɪ.</td></tr>
<tr><td>Bec nu. . . . .</td><td>2</td></tr>
<tr><td rowspan="2">2</td><td>Queue fourchue. . . . .</td><td>*Sterne*. ɪɪɪ.</td></tr>
<tr><td>Queue non fourchue . . . .</td><td>*Goëland*. ɪɪ.</td></tr>
</table>

GENRE I. — **Stercoraire** (*Stercorarius*)

(de *stercus*, fiente, parce qu'on les accuse vulgairement de manger la fiente des Goëlands qu'ils poursuivent dans les airs pour les forcer de dégorger le poisson qu'ils ont pris).

180. — ST. DES ROCHERS (*St. cepphus*, Degland).

40^c, sans les rectrices médianes qui dépassent les autres de 8 à 9^c chez les adultes, de 1 à 2^c chez les jeunes. — Doigts médian et tarse longs de 4^c,2. Tous ceux que j'ai vus étaient des jeunes ; ils étaient bruns, variés de roux. — Acc., R. R.

GENRE II. — **Goéland** (*Larus*) (1).

λάρος, *larus*, mouette.

		ESPÈCES.
1	Baguette des rémiges blanche.	*G. rieur*, IV.
	Baguette des rémiges noire.	2
	Baguette des rémiges cendrée	3
2	Doigt médian égal au tarse.	*G. brun*, I.
	Doigt médian plus court que le tarse	*G. cendré*, II.
3	Pouce réduit à un petit tubercule sans ongle. .	*G. tridac'yle*, III.
	Pouce très-court, mais ongulé.	*G. pygmée*, V.

181. — 1. G. BRUN (*L. fuscus*, Linn.).

50ᶜ. — Bec jaune et manteau noir ardoisé chez les adultes; bec noir et manteau brun à plumes terminées de blanchâtre chez les jeunes. Ailes dépassant la queue de 5ᶜ. Pieds jaunes; doigt médian et tarse longs de 6ᶜ. Tous ceux que j'ai vus étaient des jeunes. — Acc., R.

182. — 2. G. CENDRÉ (*L. canus*, Linn.).

45ᶜ. — Manteau cendré, queue blanche, pieds bleu-cendré chez les adultes (Grande mouette cendrée, Buff.); manteau varié de brun et de cendré, queue blanche et noire, pieds jaunâtres chez les jeunes (Mouette d'hiver, Buff.). Ailes dépassant la queue de 8ᶜ. Tarse de 5ᶜ, doigt médian plus court. — Acc., R.R.

183. — 3. G. TRIDACTYLE (*L. tridactylus*, Linn.).

42ᶜ. — Pouce réduit à un petit tubercule sans ongle. Manteau cendré pur chez l'adulte (Mouette cendrée, Buff.); un croissant noir au bas du cou en arrière, chez le jeune (Mouette cendrée tachetée, Buff.). — Acc., A.C.

184. — 4. G. RIEUR (*L. ridibundus*, Linn.).

38ᶜ. — Les quatre premières rémiges blanches, tachées de noir à l'extrémité. En été, un capuchon brun foncé (Mouette rieuse, Buff.); en hiver, tête

---

(1) Les petites espèces du genre Goéland (Mouettes), ainsi que les Sternes, sont vulgairement désignées sous le nom d'*Hirondelles de mer*.

blanche avec une tache noire à l'oreille (Petite mouette cendrée. Buff.). Chez les adultes, queue blanche, bec et pieds rouges; chez les jeunes, queue terminée de noir, pieds jaunes. Doigt médian 3°,5, tarse 4°,5. — Acc., A. C.

185. — 5. G. PYGMÉE (*L. minutus*, Pall.).

27°. — Rémiges terminées de blanc. Tête et cou noirs en été, blancs en hiver. Queue blanche chez les adultes, barrée de brun chez les jeunes. Pouce très-petit. Tarse et doigt médian 2°,5. — Acc., R. R.

GENRE III. — **Sterne** (*Sterna*)

(de *stern*, nom anglais de ces oiseaux.)

ESPÈCES.

1 {	Pieds brun-rougeâtre.	*St. épouvantail*, III.
	Non.	2
2 {	Baguettes des 1re rémiges primaires blanches. .	*St. pierre-garin*, I.
	Baguettes des 1re rémiges primaires brunes . .	*St. petite*, II.

186. — 1. ST. PIERRE-GARIN (*St. hirundo*, Linn.).

38°. — Cendré plus foncé dessus, avec la gorge et le croupion blancs. En été, une calotte noire qui recouvre le front, la tête et la nuque. Queue très fourchue. Pieds rouges, bec rouge avec la pointe brune. Doigt médian et tarse 2°. — Acc., A. R.

187. — 2. ST. PETITE (*St. minuta*, Linn.).

22°. — Bec orange avec la pointe noire. Queue très fourchue. Pieds orange. Ailes à peu près égales à la queue. — Acc., A. C.

188. — 3. ST. ÉPOUVANTAIL (*St. fissipes*, Linn.).

24°. — Bec noir. Queue peu fourchue, rectrices latérales dépassant les autres à peine de 1°,5. Ailes brun-cendré beaucoup plus longues que la queue, qui est brun-cendré aussi. Pieds brun-rougeâtre. Presque toute noire en été. — Acc., A. C.

—

B. PALMIPÈDES TOTIPALMES.

FAMILLE II.

PÉLÉCANIDÉS.

Pélécanidés, du Genre *Pelecanus*, PELICAN.

CAR. — Bec sans dentelure; intervalle des branches de la mandibule inférieure occupé par une membrane très dilatable. Pouce long, uni aux autres doigts par une membrane.

GENRE UNIQUE. — **Cormoran** (*Phalacrocorax*).

Phalacrocorax, nom latin de l'oiseau, de φαλακρός, chauve et κόραξ corbeau; allusion à sa couleur et à la nudité de sa tête.

189. — C. ORDINAIRE (*Ph. carbo*, G. Cuv.).
75ᶜ. — Plumage d'un noir vert; face et gorge nues.
— Acc., R.

C. PALMIPÈDES LAMELLIROSTRES.

FAMILLE III.

ANATIDÉS.

Anatidés, du Genre *Anas*, CANARD.

CAR. — Bec large, recouvert d'une peau molle, unguiculé, garni sur ses bords de nombreuses dents ou lamelles. Langue large et charnue. Pouce petit, libre.

GENRES.

1 $\begin{cases} \text{Bec presque cylindrique, garni de dents en scie;} \\ \text{mandibule supérieure n'emboîtant pas l'infé-} \\ \text{rieure.} \dots \dots \dots \dots \dots \quad Harle, \text{ v.} \\ \text{Bec large, aplati, garni de lamelles; mandibule} \\ \text{supérieure emboîtant complétement l'inférieure.} \quad 2 \end{cases}$

2 { Lorums nus . . . . *Cygne*, I.
  { Lorums emplumés 3

3 { Pouce garni d'une large membrane libre. . . *Fuligule*. IV.
  { Pouce sans membrane ou à peine bordé. . . 4

4 ⎰ Bec plus étroit en avant qu'en arrière narines
  ⎱   situées vers le milieu de sa longueur. . . . *Oie*, I.
  ⎰ Bec au moins aussi large en avant qu'en arrière;
  ⎱   narines situées près de sa base. . . . . . *Canard*, III.

GENRE I. — **Oie** (*Anser*).

Anser, nom latin de l'oie.

ESPÈCES.

1 { Bec noir . . . . *O. bernache*, IV.
  { Non. 2

2 { Bec jaune et noir . . . . *O. sauvage*, II
  { Bec jaune-orange 3

3 { Front blanc . . . . *O. rieuse*. III.
  { Front gris. . . . . *O. cendrée*. I.

190. — 1. O. CENDRÉE (*A. ferus*, Linn.).

80ᶜ. — Ressemble à l'oie domestique, dont elle est la souche. Ailes plus courtes que la queue. Bec jaune orange dans toute son étendue, avec l'onglet blanchâtre. Pieds couleur de chair jaunâtre. — D. P., C.

191. — 2. O. SAUVAGE (*A. segetum*, Gmel.).

75ᶜ. — Ressemble à la précédente, avec qui Buffon la confondait. Ailes plus longues que la queue. Bec noir à sa base, jaune-orange au milieu, onglet noir. Pieds jaune-orange. — D. P., A. C.

192. — 3 O. RIEUSE (*A. albifrons*, Gmel.).

70ᶜ. — Plumage gris avec le front d'un blanc pur, et le ventre marqué de larges taches noires. Bec et pieds jaune-orange; onglet blanchâtre. — D. P., A. C.

193. — 4. O. BERNACHE (*A. leucopsis*, Tem.). La petite Bernache, Buff.

60ᶜ. — Tête et gorge blanches; occiput, lorums, cou, poitrine, rémiges et rectrices, noirs; abdomen blanc. Bec et pieds noirs. — Acc., R. R. R.

GENRE II. — **Cygne** (*Cygnus*).

κύκνος, *cygnus*, noms collectifs des cygnes.

		ESPÈCES.
1	Membrane jaune du bec dépassant les narines.	*C. sauvage*, I.
	Membrane jaune du bec n'allant pas jusqu'aux narines	*C. bewich*, II.

194. — 1. — C. SAUVAGE (*C. ferus*, Linn.).

1m50c. — Bec noir non tuberculé, mais garni à sa base d'une cire jaune qui s'étend plus loin que les narines et entoure la région des yeux. Plumes du front formant un angle aigu. Les jeunes sont gris et la cire de leur bec est couleur de chair livide. — D. P., R. R.

195. — 2. C. BEWICH (*C. bewkii*, Yarrell.).

1m30c. — Ressemble beaucoup au précédent; mais la membrane jaune du bec ne s'étend pas jusqu'aux narines, et les plumes du front forment un angle obtus. — D. P., R. R. R.

GENRE III. — **Canard** (*Anas*).

Anas, nom latin du canard.

		ESPÈCES.
1	Bec arqué en haut.	*C. tadorne*, I.
	Non	2
2	Bec dilaté en spatule à l'extrémité	*C. souchet*, VI.
	Non	3
3	Taille au plus égale à 35c.	4
	Taille égalant au moins 45c.	5
4	Miroir vert-cendré	*C. sarcelle*, VI.
	Miroir vert et noir.	*C. sarcelline*, VIII.
5	Bec égal au tarse.	*C. siffleur*, V.
	Bec plus long que le tarse.	6
6	Pieds rouge-orange.	*C. sauvage*, II.
	Pieds noirâtres	*C. pilet*, IV.
	Tarses et doigts jaune-orange, avec les palmures noirâtres.	*C. chipeau*, III.

196. — 1. C. TADORNE (*A. tadorna*, Linn.).

55 à 65ᶜ. — Bec rouge, recourbé en haut. Miroir blanc, vert et roux; blanc avec les ailes, leurs grandes couvertures, et une tache longitudinale sous l'abdomen, noires; une large bande transversale rousse entoure le corps. — ♂ Téte vert foncé. — ♀ Téte brun-noir-verdâtre avec une tache blanchâtre au front. — Acc., R. R.

197. — 2. C. SAUVAGE (*A. boschas*, Linn.).

50 à 55ᶜ. — Souche de notre canard domestique qui lui ressemble encore beaucoup. — D. P., une partie niche sur nos étangs, C.

198. — 3. C. CHIPEAU OU RIDENNE (*A. strepera*, Linn.).

50ᶜ. — Bec noir; tarses et doigts jaune-orange, avec la palmature noire. Bec 4ᶜ,5; tarse 3ᶜ,5; doigt médian 4ᶜ,5. — ♂ Miroir blanc et noir; poitrine marquée de croissants noirs et blancs; abdomen blanc. — ♀ Miroir blanc et brun; dessous du corps blanchâtre semé de taches roussâtres. — D. P., R.

199. — 4. C. PILET (*A. acuta*, Linn.). Canard à longue queue, Buff.

60 à 65ᶜ. — Bec bleu-noirâtre; pieds roux-noirâtre. Bec 5ᶜ; tarse 3ᶜ,5; doigt médian 5ᶜ. — ♂ Miroir vert pourpré entre une bande rousse et une blanche; les deux rectrices médianes mesurant 18ᶜ et dépassant les autres de 7ᶜ. — ♀ Miroir brun-roussâtre entre deux bandes blanchâtres; les deux rectrices médianes dépassant peu les latérales. — D. P., R.

200. — 5. C. SIFFLEUR (*A. penelope*, Linn.).

45ᶜ. — Queue pointue, rectrices médianes dépassant un peu les latérales. Bec étroit, bleu-cendré avec l'onglet noir. Pieds cendrés. Bec 3ᶜ,5; tarse 3ᶜ,5; doigt médian, 4ᶜ,5. — D. P., R.

201. — 6. C. SOUCHET (*A. clypeata*, Linn.).

48ᶜ. — Bec plus long que la téte, dilaté en spatule à l'extrémité, garni de lamelles très-longues. Pieds orange. Bec 6ᶜ; tarse 3ᶜ; doigt médian 4ᶜ. — ♂ Téte vert foncé, poitrine blanche. — ♀ Tête fauve avec des taches brunes. — D.P., R.

202. — 7. C. SARCELLE (*A. querquedula*. Linn.). La Sarcelle commune et la Sarcelle d'été, Buff. — Vulg. *Racanette*, ainsi que la suivante.

35ᶜ. — Une bande blanche au-dessus et en arrière des yeux ; miroir vert-cendré bordé de deux bandes blanches. — ♂ Gorge noire. — ♀ Gorge blanche. — D.P., A.C.

203. — 8. C. SARCELLINE (*A. crecca*, Linn.). La petite Sarcelle, Buff.

32ᶜ. — Miroir vert et noir bordé en haut d'une bande blanche. — ♂ Tête et cou chocolat, avec une large bande verte sur l'œil; gorge noire. — ♀ Tête pointillée de noirâtre; gorge blanche. — Séd., A.C.

GENRE IV. — **Fuligule** (*Fuligula*)

(de *fuligo*, suie : à cause de la couleur sombre de quelques espèces).

ESPÈCES.

1	Iris blanc	*F. nyroca*, v.
	Non	2
2	Bec de la longueur du tarse.	*F. garrot*, I.
	Bec plus long que le tarse	3
3	Iris orange.	*F. milouin*, III.
	Iris jaune plus ou moins brillant	4
4	Manteau blanc rayé transversalement de zig-zags cendrés et bruns.	*F. milouinan*, II.
	Non	*F. morillon*, IV.

204. — 1. F. GARROT (*A. clangula*, Linn).

♂ 50ᶜ, ♀ 42ᶜ. — Miroir blanc barré de noir; ailes atteignant à peine la moitié de la queue. Bec 3ᶜ,5; tarse 3ᶜ,5; doigt médian 6ᶜ. — ♂ Tête et haut du cou vert pourpre foncé; une tache blanche en arrière du bec. — ♀ Tête et haut du cou roussâtre foncé. — D.P., A.R.

205. — 2. F. MILOUINAN (*F. marina*, Linn.).

45ᶜ. — Miroir blanc, terminé par une bande noire ; dessus du corps rayé transversalement de zig-zags

8

noirs et blancs; dessous blanc. Bec 4ᶜ3; tarse 3ᶜ;
doigt médian 6ᶜ. — ♂ Tête, cou, poitrine, d'un noir
à reflets; dessous du corps blanc. — D.P., R.R.R.

206. — 3. F. MILOUIN (*A. ferina*, Linn.). Vulg. *Rouget* ou
Siffleur.

45ᶜ. — Miroir gris cendré; dessus du corps finement strié de cendré et de noirâtre. Bec noir, avec
une bande transversale bleu-plombé. Bec 5ᶜ; tarse 4ᶜ;
doigt médian 6ᶜ. — ♂ Tête roux-vif. — ♀ Tête brun
roussâtre. — D.P., A.R.

207. — 4. F. MORILLON (*A. fuligula*, Linn.).

42ᶜ. — Un petit miroir blanc barré et terminé de
noir; ailes atteignant presque l'extrémité de la queue.
Bec 4ᶜ; tarse 3ᶜ; doigt médian 5ᶜ5. — ♂ Tête, haut
du cou, poitrine et huppe noirs, à reflets violets et
verdâtres. — ♀ Mêmes parties d'un noir mat nuancé
de brun.—Les jeunes n'ont pas de huppe. — D.P., A.R.

208. — 5. F. NYROCA (*A. leucophthalmos*, Bechst). La Sarcelle
d'Egypte, Buff.

40ᶜ. — Une petite tache blanche sous le bec. Miroir blanc terminé de noir. Iris blanc. Bec 4ᶜ; tarse
3ᶜ; doigt médian 5ᶜ. — ♂ Tête et cou roux-marron.
— ♀ Tête et cou brun-roussâtre. — D.P., R.R.

GENRE V. — **Harle** (*Mergus*).

Mergus, nom d'un oiseau plongeur; de *mergere*, plonger.

ESPÈCES.

1 {	Pieds bruns	*H. piette*. III.
	Pieds d'un rouge plus ou moins vif.	2
2 {	Miroir d'un blanc pur.	*H. vulgaire*, I.
	Miroir blanc traversé d'une ou deux bandes foncées.	*H. huppé*, II.

209. — 1. H. VULGAIRE (*M. merganser*, Linn.).

65ᶜ. — Miroir d'un blanc pur. — ♂ Tête, cou,
huppe d'un noir verdâtre, parties inférieures roses.—
♀ Tête et huppe rousses, parties inférieures jaunâtres.
— D.P., R.R.

210. — 2. H. HUPPÉ (*M. serrator*, Linn.).

55ᶜ. — Ressemble beaucoup au précédent; mais son miroir blanc est traversé d'une bande noire chez la ♀, de deux chez le ♂. — D. P., R. R.

211. — 3. H. PIETTE (*M. albellus*, Linn.). Vulg. *Religieuse*.

40ᶜ. — Miroir noir, traversé et terminé de blanc. — ♂ Téte et cou blancs avec une tache noire aux joues et une à l'occiput. — Téte et cou roussâtres. — D. P., R.

—

D. PALMIPÈDES BRACHYPTÈRES

(de βραχὺς, court; πτέρυξ, aile).

FAMILLE IV.

COLYMBIDÉS.

Colymbidés, du Genre *Colymbus*, PLONGEON.

CAR. — Bec droit, conique, sans dentelures. Ailes extrêmement courtes. Pieds implantés tout à fait à l'arrière du corps; tarses très comprimés; ongles très aplatis.

GENRES.

Palmature entière	*Plongeon*, I.
Palmature découpée en lobes	*Grèbe*, II.

GENRE I. — **Plongeon** (*Colymbus*).

Κόλυμβος, *colymbus*, nom d'un oiseau plongeur, de κολυμβάω, plonger.

212. — P. CAT-MARIN (*C. septentrionalis*, Linn.).

60ᶜ. — Bec droit, ou légèrement courbé en haut, plus court que la téte. Dessus brun, tacheté et rayé de blanc. — D. P., R. R.

GENRE II. — **Grèbe** (*Podiceps*)

(de πoδίζω, entraver les pieds : à cause de l'impossibilité où sont
ces oiseaux de marcher).

1 { Taille supérieure à 40ᶜ. . . . . *G. huppé*, ı.
  { Taille inférieure à 40ᶜ. 2

2 { Rémiges secondaires tachées de blanc. . . . . *G.castagneux*, ııı.
  { Rémiges secondaires entièrement blanches. . . *G. oreillard*, ıı.

213. — 1. G. HUPPÉ (*P. cristatus*, Lath.). Le Grèbe huppé et
le Grèbe jeune et plumage d'hiver; le Grèbe cornu,
plumage de printemps, Buff.

50ᶜ. — Bec plus long que la tête, rougeâtre, à pointe
blanche ; lorums nus et rouges; joues blanches. Brun-
noirâtre dessus, blanc lustré dessous; au printemps
deux huppes noires à l'occiput, et une large fraise
noire et rousse autour du cou. — D. P., R.

214. — 2. G. OREILLARD (*P. auritus*, Lath.).

30ᶜ. — Bec plus court que la tête, un peu relevé à
l'extrémité; lorums nus et rougeâtres ; iris rouge.
Brun-foncé dessus, blanc lustré dessous ; poitrine gri-
sâtre, rémiges secondaires d'un blanc pur; au printemps, une touffe de plumes noires sur la tête et une
autre de plumes rousses sur les oreilles. — Acc., R.R.

215. — 3. G. CASTAGNEUX (*P. minor*, Lath.). Vulg. *Petit
plongeon*.

25ᶜ. — Bec beaucoup plus court que la tête; lorums
nus et blanchâtres; rémiges secondaires tachées de
blanc ; tarses garnis postérieurement de très-fortes
aspérités. En été dessus du corps noir ainsi que la
gorge, cou d'un roux-marron vif; en hiver, gorge
blanche, dessus du corps brun-roussâtre, cou d'un
roux-cendré clair. — Séd., C.

CLASSE III.

REPTILES.

Reptilis, reptile ; de *repto*, ramper.

Car. — Vertébrés à peau recouverte d'épaississements soit dermiques soit épidermiques, formant de fausses écailles continues. — Membres : quatre, deux, ou zéro ; tantôt la paire antérieure, tantôt la postérieure disparaissant la première.

Ovipares ou quelquefois ovo-vivipares.

Respiration pulmonaire. — Circulation double et incomplète. — Température variable.

		ORDRES ET FAMILLES.
1	Quatre membres.	*Sauriens*, I.
	Pas de membres apparents.	Famille des Lacertidés. 2
2	Ventre garni d'écailles à peu près semblables à celles du dos.	*Sauriens*, I. Famille des Scincoïdés.
	Ventre garni, non d'écailles, mais de larges plaques transversales	*Ophidiens*, II.

ORDRE I.

SAURIENS.

Saurien, de σαυρὸς, lézard.

Car. — Deux ou quatre membres apparents, ou rudimentaires et cachés sous la peau. — Membrane du tympan visible à l'extérieur. Paupières mobiles. — Mâchoire inférieure à branches soudées.

FAMILLE I.

LACERTIDÉS.

Lacertidés, du Genre *Lacerta*, LÉZARD.

CAR. — Langue libre, extensible et bifide. Quatre pattes fortes et ongulées. Ecailles disposées par bandes transversales, et plus grandes sous le ventre que sur le dos.

GENRE UNIQUE. — **Lézard** (*Lacerta*).

Lacerta, nom latin des lézards, de *lacertum,* bras : reptile qui a des membres.

		ESPÈCES.
1	Sur chaque tempe une grande plaque disque (mas-sétérin) entourée de petites écailles granulées.	*L. des murailles,* III.
	Tempes recouvertes d'écailles à peu près égales.	2
2	Queue deux fois environ plus longue que le corps.	*L. vert,* I.
	Queue un tiers environ plus longue que le corps.	*L. des souches* II.

1. — 1. L. VERT (*L. viridis,* Daud.). Vulg. *Verdelle.*
Atteint 35ᶜ de longueur totale. — Coloration mêlée de vert, de noir et de jaune sur le dos, extrêmement variable du reste (cinq variétés principales, suivant Dugès). Queue double environ de la longueur du corps ; membres allongés, les postérieurs atteignant l'aisselle lorsqu'on les couche sous le ventre. — C.

2. — 2 L. DES SOUCHES (*L. stirpium,* Daud.).
Dos marqué de taches blanchâtres entourées de noir ; souvent du vert sur les flancs ; coloration aussi variable que chez le précédent. Queue un peu plus longue que le corps ; membres courts : lorsqu'on étend les antérieurs sous le ventre, les postérieurs portés en avant n'en atteignent que le poignet. — A. C.

3. — 3. L. DES MURAILLES (*L. muralis,* Laur). Le lézard gris, Lacép.
Coloration extrêmement variable, mais ne conte-

nant jamais de vert, au moins dans nos contrées ; une variété assez fréquente a le ventre rouge avec des taches bleues sur les flancs. Queue double de la longueur du corps ; membres longs, les pattes postérieures atteignant l'aisselle. Se distingue aisément du L. vivipare (*L. vivipara*, Jacquin) qu'on rencontrera probablement dans le département et qui présente aussi sur chaque tempe un disque masséterin, par ceci : que le L. des murailles a six séries de plaques ventrales, tandis que le L. vivipare en a huit. — C. C. C.

FAMILLE II.

SCINCOÏDÉS.

Scincoïdés, de σκίγκος, *scincus*, nom d'une espèce de lézard, et εἶδος, forme, ressemblance..

Car. — Langue libre, non extensible ni bifide ; écailles entuilées, semblables sur le dos et sous le ventre. Membres courts, quelquefois rudimentaires et cachés sous la peau, comme dans les Orvets.

Genre unique. — **Orvet** (*Anguis*).

Anguis, nom latin d'un serpent.

4. — O. FRAGILE (*A. fragilis*, Linn.). Vulg. *Lanveau*.
Corps cylindrique à écailles luisantes. Queue très-fragile. La coloration est assez variable. Tout à fait inoffensif, ainsi que la *Verdelle*, malgré leur mauvaise réputation. — C.

ORDRE II.

OPHIDIENS.

Ophidiens, de ὄφις, serpent, et εἶδος, forme.

CAR. — Pas de membres. — Pas de tympan visible. — Paupières remplacées par une plaque immobile et transparente. — Mâchoire inférieure à branches séparées. — Langue libre, extensible et bifide.

FAMILLES.

1 {
Pas de crochets venimeux à la mâchoire supérieure. Dessus de la tête complétement cou-
vert de larges plaques écailleuses. . . . . *Colubridés*. I.
Deux forts crochets venimeux à la mâchoire supérieure. Dessus de la tête presque entièrement
couvert de petites écailles granulées. . . . *Vipéridés*, II.

FAMILLE I.

COLUBRIDÉS.

Colubridés, du Genre *Coluber*, COULEUVRE.

Aux deux mâchoires des dents recourbées, coniques, pleines, sans sillon ni canal; pas de glande venimeuse.

GENRE UNIQUE. — **Couleuvre** (*Coluber*).

Coluber, nom latin de la couleuvre; de κολοβός, mutilé, sans membres.

ESPÈCES.

1 {
Ecailles du ventre entièrement jaunes 2
Non 3

2 {
Queue égalant environ le tiers de la longueur du
corps . . . . *C. verte et jaune*. I.
Queue égalant au plus le quart de la longueur
du corps. . . . . *C. d'Æsculape*, III.

3 { Ecailles lisses. . . . . *C. lisse*, ii.
{ Ecailles carénées. 4

4 { Coloration générale verdâtre. . . . . *C. à collier*, iv.
{ Coloration générale roux-jaunâtre. . . . . . *C. vipérine*, v.

5. — 1. C. VERTE ET JAUNE, (*C. viridiflavus*, Lacép.) Vulg. *Fouet.*

Atteint cinq pieds de longueur. La queue égale environ 1/3 du corps, mesuré du museau à l'anus. — Jaune verdâtre dessous; noire dessus, avec des taches jaunes, ainsi que des lignes très-étroites, formant l'axe de chaque écaille; une petite tache jaune devant et derrière l'œil. — A.C.

6. — 2. C. LISSE (*C. austriacus*, Linn.).

Queue environ 1/4 du corps. Brun verdâtre, avec deux séries longitudinales de taches noirâtres plus ou moins apparentes. — R.

7. — 3. C. D'ÆSCULAPE (*C. æsculapii*, Host.).

Queue moindre que 1/3 du corps. Dos noir-verdâtre, quelquefois piqueté de blanc; flancs et ventre jaunâtres; un collier jaune. — Existe probablement dans l'Yonne, car elle a été trouvée dans Seine-et-Marne, et en grand nombre dans la Nièvre.

8. — 4. C. A COLLIER (*C. natrix*, Linn.).

Queue environ 1/4 du corps. Cendré-verdâtre avec des taches noires sous le ventre et le long des flancs, et un collier blanc-jaunâtre suivi de deux larges taches noires. C'est le serpent dit serpent d'eau. — C.C.

9. — 5. C. VIPÉRINE (*C. viperinus*, Latr.).

Queue environ 1/4 du corps. Dessus d'un brun-roux, avec de nombreuses taches noirâtres, formant un zig-zag le long du dos; le dessous tacheté de noir. Ressemble beaucoup à la vipère dont la distinguent, outre l'absence de dents venimeuses, son corps plus élancé, sa queue plus longue et les larges plaques qui, comme chez toutes les couleuvres, recouvrent le dessus de sa tête. — A.C.

FAMILLE II.

VIPÉRIDÉS.

Car. — Os de la mâchoire supérieure très-courts, ne portant que de forts crochets creusés d'un canal, par lequel passe le produit d'une glande venimeuse.

Genre unique. — **Vipère** (*Vipera*).

Vipera, contraction, de *vivipara* : à cause de l'ovo-viviparité de ces serpents.

Première Division : Tête recouverte d'écailles semblables à celles du corps, avec une plaque au-dessus de chaque œil, et une seule petite plaque hexagonale sur le milieu de la tête, entre les yeux.

10. — 1. V. COMMUNE (*V. aspis*, Merrem.).
Queue égale environ à 1/5 du corps. Coloration extrêmement variable : noirâtre, gris-cendré, rougeâtre ; sur le dos, une bande sinueuse noire, continue ou formée de taches distinctes. — A. C.

Deuxième Division : Tête recouverte d'écailles semblables à celles du corps, avec une plaque au-dessus de chaque œil, une quadrilatère entre les yeux, et deux autres en arrière de celle-ci.

11. — 2. V. PÉLIADE (*V. berus*, Daud.).
Tout à fait semblable, quant au reste, à la *V. aspis.*
— R.

CLASSE IV.

AMPHIBIENS.

Amphibiens, de ἀμφίβιος ; de ἀμφί, de deux sortes, βίος. vie : à cause de leurs métamorphoses.

Car. — Vertébrés à peau nue, possédant de nombreuses glandes cutanées dont le produit est souvent venimeux. — Membres : quatre, deux ou zéro ; les postérieurs disparaissant les premiers.

Ovipares ou quelquefois ovo-vivipares.

Métamorphoses plus ou moins considérables.

Respiration successivement ou simultanément cutanée, branchiale et pulmonaire. — Circulation double et incomplète. — Température variable.

		ORDRES.
1	Une queue.	2
	Pas de queue.	*Anoures*, I. (Adultes).
2	Tête énorme, confondue avec le corps	*Anoures*, I. (Jeune âge).
	Tête moyenne, distincte du corps.	3
3	Des houppes branchiales flottantes sur les côtés du cou.	*Urodèles*, II. (Jeune âge).
	Pas de houppes branchiales	*Urodèles*. II. (Adultes).

ORDRE 1.

ANOURES.

Anoures, de ἀ, privatif, οὐρά, queue.

Car. — A l'âge adulte, pas de queue et peau non adhérente au corps. — Leur têtard perd au bout de quelques jours ses petites branchies externes, et beaucoup plus tard acquiert des pattes : les postérieures apparaissent les premières.

		FAMILLES.
1	Mâchoire supérieure privée de dents; une grosse glande au-dessus et en arrière des yeux. . .	Bufonidés, III,
	Mâchoire supérieure armée de dents; pas de grosse glande.	2
2	Extrémité des doigts dilatée en disque. . . .	Hylœidés, II,
	Non	Ranidés, I.

FAMILLE I.

RANIDÉS.

Ranidés, du Genre *Rana*, GRENOUILLE.

CAR. — Mâchoire supérieure armée de petites dents. Extrémité des doigts et des orteils non dilatée.

GENRE UNIQUE. — **Grenouille** (*Rana*).

Rana, nom latin de la grenouille.

		ESPÈCES.
1	Ventre orangé tacheté de bleu-noirâtre. . .	G. à ventre-jaune, v.
	Non	2
2	Une large bande noire partant de l'œil et passant sur l'oreille.	G. rousse, II.
	Non	3
3	Langue bifide en arrière.	G. verte, I.
	Non	4
4	Intervalle des narines plus petit que celui des yeux	G. ponctuée, III.
	Intervalle des narines égal à celui des yeux. .	G. accoucheuse, IV.

PREMIÈRE DIVISION : Membrane du tympan visible à l'extérieur.

1. — 1. G. VERTE (*R. esculenta*, Linn.).

  Tête et tronc, 10ᶜ; membres postérieurs, 15ᶜ. — Le plus souvent verte tachetée de noir, avec le ventre jaunâtre. Système de coloration très-variable. — Eaux dormantes. C. C. C.

2. — 2. G. ROUSSE (*R. temporaria*, Linn.). Vulg. *Gren. de rosée.*
Corps 7ᶜ; membres postérieurs 12ᶜ. — Brun-rous-
sâtré tacheté de noir; une bande noire partant de
l'œil et passant sur l'oreille. — Champs humides. C. C.

Subdivision : Langue peu ou point bifide en arrière.

3. — 3. G. PONCTUÉE (*R. punctata*, Daud.).
Corps 3ᶜ,5 ; membres postérieurs 5ᶜ5 — Dents du
palais en deux petits groupes; cendré-fauve en dessus, avec des taches vertes qui disparaissent après la
mort; dessous blanchâtre. La patte postérieure étant
repliée en avant, le talon dépasse l'œil, et la naissance
du pouce dépasse de 6 ou 7ᵐ le bout du museau. — R.

4. — 4. G. ACCOUCHEUSE (*R. obstetricans*, Laur.).
Corps 4ᶜ, membres postérieurs 5ᶜ,3. — Dents du
palais sur une ligne en travers, interrompue au milieu,
brun-olivâtre en dessus, avec des taches brunes; dessous blanc finement piqueté de noirâtre à la gorge et
aux aines. La patte postérieure étant repliée en avant,
le talon atteint à peine l'œil, et la naissance du pouce
dépasse à peine l'extrémité du museau. — Sous les
pierres. C.

DEUXIÈME DIVISION : Tympan caché sous la peau.

5. — 5. G. A VENTRE JAUNE (*R. bombina*, Gmel.). La Son-
nante, de Lacép.
Corps 4ᶜ, membres postérieurs 4ᶜ,5. — Dessus
brun-olivâtre; dessous orangé tacheté de bleu-noirâtre. — Eaux dormantes. C. C. C.

FAMILLE II.

HYLÆIDÉS.

Hylæidés, du Genre *Hyla*, RAINETTE.

CAR. — Mâchoire supérieure armée de petites dents. Extrémité
des doigts et des orteils élargie en un disque visqueux.

GENRE UNIQUE. — **Rainette** (*Hyla*)

(de ὕλη, forêt, parce que notre rainette habite sur les branches des arbres.

6. — R. COMMUNE (*H. arborea*, Laur.).

Verte dessus, jaunâtre sale dessous. — Sur les arbres, excepté au moment de la ponte, où elle gagne le bord des eaux. — C.

FAMILLE III.

BUFONIDÉS.

Bufonidés, du Genre *Bufo*, CRAPAUD.

CAR. — Pas de dents à la mâchoire supérieure. Une grosse glande, dite *parotide*, de chaque côté du cou. Tympan distinct.

GENRE UNIQUE. — **Crapaud** (*Bufo*).

Bufo, nom latin du crapaud.

		ESPÈCES.
1	Parotide bordée de noir	*C. commun*, I.
	Parotide sans bordure.	*C. calamite*, II.

7. — 1. C. COMMUN (*B. vulgaris*, Laur.). Vulg. *Tête-vache*.

Corps 15ᶜ,5; membres postérieurs 18ᶜ. — Grisroussâtre, souvent tacheté de noirâtre; une bande noirâtre en dessous des parotides. — C.C.

8. — 2. C. CALAMITE (*B. viridis*, Laur.).

Corps 9ᶜ; membres postérieurs 10ᶜ. — Coloration très-variable, ainsi que le précédent; s'en distingue facilement par l'absence de tache noire sous les parotides. — A.R.

ORDRE II.

URODÈLES.

Urodèles, de οὐρά, queue, et δῆλος, apparent.

Car. — Queue persistant à l'âge adulte. Peau adhérente. Pas de branchies à l'âge adulte; les externes ne disparaissent chez le têtard que longtemps après l'apparition des membres; les pattes antérieures se dégagent les premières.

FAMILLE UNIQUE.

SALAMANDRIDÉS.

Salamandridés, du Genre *Salamandra,* SALAMANDRE.

GENRES.

1 { Queue ronde . . . . *Salamandre,* I.
{ Queue comprimée . . . . *Triton,* II.

Genre I. — Salamandre *(Salamandra).*

σαλαμάνδρα, *salamandra,* noms grec et latin de la salamandre.

9. — S. COMMUNE (*S. maculosa,* Laur.).
De grosses parotides. Noire avec de grandes taches irrégulières d'un jaune-vif. — Lieux obscurs. R. R.

Genre II. — Triton *(Triton).*

Triton, dieu marin; allusion à leur vie aquatique.

On distingue, pendant la saison des amours, les mâles des femelles par la présence d'une crête dorsale et caudale plus ou moins étendue, plus ou moins découpée.

1 { Ventre à taches noires 2
{ Ventre sans taches. 3
2 { Peau chagrinée . . . . *T. à crête,* I.
{ Peau lisse. . . . . *T. ponctué,* III.

3 { Peau chagrinée . . . . *T. marbré*, II.
  { Peau lisse. 4

4 { Dos d'un brun fauve . . . . *T. palmipède*, V.
  { Dos ardoisé . . . . *T. à flancs tachetés.* IV.

Première Division : Peau chagrinée.

10. — 1. T. A CRÊTE (*T. cristatus*, Laur.). Vulg. *Tas.*

Brun avec des taches noires et de très petits points blancs. Dessous du corps orangé avec des taches noires. C'est notre plus grande et notre plus commune espèce. — C.C.C.

11. — 2. T. MARBRÉ (*T. marmoratus*, Latr.).

De grandes marbrures brunes sur un fond vert pâle ; parties inférieures brunes pointillées de blanc. — A. R.

Deuxième Division : Peau lisse.

12. — 3. T. PONCTUÉ (*T. punctatus*, Latr.).

Brunâtre dessus, blanchâtre dessous, avec des taches noires et rondes sur tout le corps. — C. C.

13. — 4. T. A FLANCS TACHETÉS (*T. alpestris*, Laur.).

D'un bleu d'ardoise en dessus ; orangé en dessous, avec une série de petites taches noires le long du flanc. — R.

14. — 5. T. PALMIPÈDE (*T. palmipes*, Daud.).

Dessous orangé foncé au printemps, pieds postérieurs palmés chez le mâle, avec un petit filet terminant la queue. — C.

CLASSE V.

POISSONS.

Car. — Vertébrés revêtus de véritables écailles isolées. — Membres transformés en nageoires à rayons nombreux : quatre, deux ou zéro, les postérieurs disparaissant les premiers. Le plus souvent, des nageoires impaires, médianes.

ORDRES.

1 { Bouche formant un suçoir. Plusieurs trous branchiaux sur les côtés du cou . . . . *Cyclostomes*, vi.
Non 2

2 { De grandes plaques osseuses sur la peau.. . *Chondroptérygiens à branchies libres*, v.
Des écailles ordinaires. 3

3 { Corps serpentiforme. Pas de nageoires ventrales. *Apodes*, iv.
Non 4

4 { Nageoires ventrales situées en avant des pectorales . . . . *Jugulaires*, iii.
Nageoires ventrales situées au-dessous des pectorales . . . . *Thoraciques*, ii.
Nageoires ventrales situées en arrière des pectorales . . . . *Abdominaux*, i.

———

ORDRE I.

ABDOMINAUX.

Car. — Poissons osseux, dont les nageoires ventrales sont suspendues sous l'abdomen en arrière des pectorales, sans être attachées aux os de l'épaule.

FAMILLES.

1 { Des épines isolées, en avant de la nageoire dorsale . . . . *Gastérostéidés*, v.
Non 2

9

2 { Une deuxième nageoire dorsale, adipeuse. . *Salmonidés*, IV.
  { Non. 3

3 } Dents nombreuses et considérables. . . . *Esocidés*, III.
  } Pas de dents aux mâchoires 4

4 { Ventre arrondi . . . . *Cyprinidés*, I.
  { Ventre tranchant et dentelé en scie. . . . *Clupéidés*, II.

FAMILLE I.

CYPRINIDÉS.

Cyprinidés, du Genre *Cyprinus*, CYPRIN.

CAR. — Bouche à lèvres épaisses, à mâchoires peu ou point den-
técs, souvent munies de barbillons. Des dents très fortes au pharynx.
— Une seule nageoire dorsale ayant souvent des rayons piquants. —
Ventre toujours arrondi (1).

GENRES.

1 { Corps presque anguilliforme. Ecailles à peine visi-
  { bles ; peau gluante. Plus de 4 barbillons. . . *Loche*. IX.
  { Corps non anguilliforme. Jamais plus de 4 barbil-
  { lons 2

2 { Une épine pour 2e rayon de la nageoire dorsale. 3
  { Tous les rayons mous à la nageoire dorsale. . . 5

3 | Une épine pour 2e rayon à la nageoire anale. . 4
  | Tous les rayons mous à la nageoire anale. . . *Barbeau*, III.

4 } Quatre barbillons à la bouche. . . . . . . *Cyprin*, I.
  { Pas de barbillons . . . . *Bouvière*, II.

5 { Deux barbillons 6
  { Pas de barbillons. 7

6 { Dorsale en avant des ventrales. . . . . . . *Goujon*, IV.
  { Dorsale en arrière des ventrales . . . . . . *Tanche*, V.

7 { Plus de 80 écailles, très-petites, sur la ligne latérale. *Véron*, VI.
  { Au plus 60 écailles, moyennes, sur la ligne latérale. 8

8 { Anale longue, ayant plus de 20 rayons . . . . *Brême*, VII.
  { Anale courte, ayant moins de 20 rayons. . . . *Able*, VIII.

---

(1) Le nombre des rayons aux nageoires, et celui des écailles de la ligne latérale, sont
susceptibles de varier suivant les individus d'une même espèce, mais dans des limites
très étroites ; ce sont donc d'excellents caractères spécifiques, lorsque les différences indiquées d'espèce à espèce sont très notables, exemple : Carpe et Bouvière.

GENRE I. — **Cyprin** (*Cyprinus*).

κυπρῖνος, *cyprinus,* noms grec et latin de la carpe.

1. — C. CARPE (*C. carpio*, Linn.).
Dorsale à 24 rayons, plus longue que l'anale. Très variable dans sa couleur, sa forme, celle de ses écailles. — C.

GENRE II. — **Bouvière** (*Rhodeus*).

ῥόδειος, couleur de rose.

2. — B. AMÈRE (*R. amarus*, Bl.)
Dorsale à 12 rayons. Ligne latérale à peine indiquée. C'est le plus petit de nos cyprins. — C.

GENRE III. — **Barbeau** (*Barbus*).

Barbus, nom latin du barbeau.

3 — B. FLUVIATILE (*B. fluviatilis*, Agass.).
Dorsale située au-dessus des ventrales, corps allongé, fusiforme. Ecailles petites, 60 à la ligne latérale, Quatre longs barbillons. — C. C. C.

GENRE IV. — **Goujon** (*Gobio*).

κωβίος, *gobio*, noms grec et latin du goujon.

4. — G. FLUVIATILE (*G. fluviatilis*, Agass.).
Corps allongé, fusiforme, barbillons moyens. Ecailles grandes, 45 à la ligne latérale. — C. C. C.

GENRE V. — **Tanche** (*Tinca*).

Tinca, nom latin de la tanche.

5. — T. DORÉE (*T. chrysitis*, Agass.).
Corps trapu, visqueux. Barbillons très courts.

Ecailles très petites : il y en a près de 100 sur la ligne latérale. — C.

GENRE VI. — **Véron** (*Phoxinus*).

φοξῖνος, nom grec d'un poisson d'eau douce à forme allongée, φοξός.

6. — V. LISSE (*Ph. lævis*), Agass.).

Dorsale en arrière des ventrales. Corps cylindrique, visqueux. Ecailles très petites : il y en a près de 90 sur la ligne latérale. Varie dans sa coloration à l'époque du frai. — C.C.C.

GENRE VII. — **Brême** (*Abramis*).

ἀβραμίς, nom grec de la brême.

		ESPÈCES.
1 {	Anale de 28 à 30 rayons.	*B. ordinaire*, I.
	Anale de 20 à 25 rayons	*B. bordelière*, II.

7. — 1. B. ORDINAIRE (*A. brama*, Linn.).

Dorsale située en arrière des ventrales. Corps élevé, très comprimé. Ligne latérale comprenant environ 50 écailles. — A.C.

8. — 2. B. BORDELIÈRE (*A. blicca*, Linn.). Vulg. *Petite Brême*.

Dorsale située en arrière des ventrales. Corps élevé, très comprimé. Ligne latérale comprenant environ 50 écailles. — A.C.

GENRE VIII. — **Able** (*Leuciscus*).

λευκίσκος, nom d'un poisson blanc, (λευκός, blanc).

PREMIÈRE DIVISION : Dorsale commençant au-dessus des ventrales.

		ESPÈCES.
1 {	Au moins 50 écailles à la ligne latérale. . . .	2
	Moins de 50 écailles à la ligne latérale. . . .	3
2 {	Nageoire anale rouge de laque vif.	*A. gardon*, I.
	Nageoire anale rougeâtre pâle.	*A. vandoise*, IV.

3 {
Sommet du dos situé peu au-delà de la tête. . *A. meunier*, III.
Sommet du dos correspondant au commencement
de la dorsale, ... *A. rosse*, II.

9. — 1. A. GARDON (*L. idus*, Linn.).
55 à 60 écailles sur la ligne latérale. Toutes les nageoires plus ou moins rouges. — A. C.

10. — 2. A. ROSSE (*L. rutilus*, Linn.).
45 écailles à la ligne latérale. Partie de l'œil et toutes les nageoires rouges. Corps comprimé, le sommet du dos correspond au commencement de la dorsale. — C.

11. — 3. A. MEUNIER (*L. dobula*, Linn.). Vulg. *Rotisson*.
45 écailles à la ligne latérale. Tête large, corps épais, presque cylindrique; museau rond, bouche fendue un peu en bas. Nageoires à peine rougeâtres. Sommet du dos situé peu au-delà de la tête. — C. C.

12. — 4. A. VANDOISE (*L. argenteus*, Agass.).
50 à 55 écailles à la ligne latérale. Corps étroit; museau proéminent, bouche fendue horizontalement. Nageoires pâles. — C. dans l'Yonne; apparaît au printemps dans le Loing et le canal de Briare en troupes considérables.

DEUXIÈME DIVISION : Dorsale correspondant à l'intervalle entre les ventrales et l'anale.

ESPÈCES.

1 {
Deux rangées de points à la ligne latérale. . . *A. spirling*, VII.
Une seule rangée de points à la ligne latérale. . 2

2 {
Ventrales et anale rouge-vif. . . . . *A. rotengle*, V.
Ventrales et anale blanchâtres. . . . . . . *A. ablette*, VI.

13. — 5. A. ROTENGLE (*L. erythrophthalmus*, Linn.).
Ligne latérale de 40 écailles; 12 à 15 rayons à la nageoire anale. Longueur égale à trois fois la hauteur environ. Nageoires rouges. — A. R.

14. — 6. A. ABLETTE (*L. alburnus*, Linn.).
Ligne latérale de 50 écailles; 18 rayons à la nageoire anale. Nageoires pâles. Dos vert. Longueur égale à cinq fois la hauteur environ. — C. C. C.

15. — 7. A. SPIRLING (*L. bipunctatus*, Linn.). Vulg. *Louvotte*.
Ressemble à l'ablette; mais son dos est olivâtre, sa
hauteur égale au quart de la longueur, et sa ligne
latérale marquée par une double rangée de points. —
C. C. C.

GENRE IX. — Loche (Cobitis).

κωϐίτις, nom grec d'un petit poisson indéterminé, ressemblant au
goujon, κωϐίος.

ESPÈCES.

{ Barbillons antérieurs presque aussi longs que les quatre autres..	*L. franche*, I.
{ Barbillons antérieurs à peine visibles	*L. de rivière*. II.

16. — 1. L. FRANCHE (*C. barbatula*, Linn.).
12 à 15ᶜ. — Six barbillons à la lèvre supérieure.
Pas d'aiguillon en avant de l'œil. — A. C.

17. — 2. L. DE RIVIÈRE (*C. tænia*, Linn.).
10 à 12ᶜ. — Deux barbillons à la lèvre supérieure,
quatre à l'inférieure. Un aiguillon fourchu et mobile
en avant de l'œil. — A. C.

FAMILLE II.

CLUPÉIDÉS.

Clupéidés, du Genre Clupea, HARENG.

CAR. — Bouche à lèvres minces, à mâchoires peu ou point den-
tées, sans barbillons. — Corps très-comprimé: ventre tranchant et
dentelé comme une scie.

GENRE UNIQUE. — Hareng (Clupea).

Clupea, nom latin de l'alose.

18. — H. ALOSE (*C. alosa*, Linn.).
Pas de dents à l'âge adulte; les jeunes ont des dents
très fines, et présentent quelques taches noires le long
des flancs. De passage. — A. C.

FAMILLE III.

ESOCIDÉS.

Esocidés, du Genre *Esox*, Brochet.

Car. — Mâchoires, palais, ouïes garnies de dents puissantes. Pas de nageoire adipeuse.

Genre unique. — **Brochet** (*Esox*).

ἴσοξ, *esox*, noms grec et latin du brochet.

19. — B. COMMUN (*E. lucius*, Linn.). C. C.

FAMILLE IV.

SALMONIDÉS.

Salmonidés, du Genre *Salmo*, Saumon.

Car. — Deux nageoires dorsales, dont la seconde est adipeuse.

Genre unique. — **Saumon** (*Salmo*).

Salmo, nom latin du saumon ; de *salio*, sauter.

ESPÈCES.

1 { Pas de taches à l'adipeuse ni à la caudale. . *S. commun*, i.
{ Des taches à l'adipeuse et à la caudale. . . 2

2 { Chair rougeâtre . . . . *S. truite saumonée*, ii.
{ Chair blanche. . . . . *S. truite*, iii.

20. — 1. S. COMMUN (*S. salar*, Linn.).
Dos bleu ardoisé se fondant avec le blanc jaunâtre des parties inférieures. Quelques taches noires sur le dos, la tête et la base de la dorsale; de 2 à 4 taches noires sur les ouïes; nageoires adipeuse et caudale sans taches. — A. C., à son passage dans l'Yonne jusqu'à Cravant, et dans la Cure. R. R. R. dans la Haute-Yonne.

21. — 2. S. TRUITE SAUMONÉE (*S. trutta*, Linn.).

Sur le dos, la tête et les côtés, des taches noires rondes ou en forme d'X. Un très-grand nombre de taches noires sur les ouïes et les nageoires dorsales et caudale. — R.R.

22. — 3. S. TRUITE (*S. fario*, Linn.).

Taches noires sur le dos, rouges sur les flancs, et entourées d'un cercle bleuâtre ; un grand nombre de taches noires sur les ouïes et les nageoires dorsale, adipeuse et caudale. — C.C. dans la Cure et ses affluents. R. dans l'Yonne.

FAMILLE V.

GASTÉROSTÉIDÉS.

Gastérostéidés, du Genre *Gasterosteus*, ÉPINOCHE.

CAR. — Ventre cuirassé. Des rayons épineux libres sur le dos, en avant de la dorsale. Nageoire ventrale réduite à une épine.

ESPÈCES.

3 rayons libres sur le dos.	*E. grande*, 1.
8 à 10 rayons libres sur le dos.	*E. épinochette*, 11.

GENRE UNIQUE. — **Épinoche** (*Gasterosteus*)

(de γαστήρ, ventre, et ὀστέον, os ; à cause des plaques ventrales.

23. — 1. E. GRANDE (*G. aculeatus*, Linn.).

Trois rayons libres sur le dos. — C.

24. — 2. E. ÉPINOCHETTE (*G. pungitus*, Linn.).

Huit à dix rayons libres sur le dos. — C. C.

Le nombre des plaques osseuses qui arment chez les Épinoches les côtés du corps varie beaucoup ; on en avait tiré des déterminations spécifiques qu'il faut abandonner. Au temps du frai, les épinoches mâles se revêtent d'une brillante livrée.

ORDRE II.

THORACIQUES.

Thoraciques, de *thorax*, poitrine.

Car. — Poissons osseux, dont les nageoires de la deuxième paire sont situées sous les pectorales, et suspendues aux os de l'épaule.

FAMILLES.

1 { Tête énorme relativement au corps. . . . . *Céphalotidés*, i.
  { Tête de dimensions ordinaires. . . . . . . *Percoïdés*, ii.

FAMILLE I.

CÉPHALOTIDÉS.

Céphalotidés, de κεφαλωτός, qui a une grosse tête.

Car. — Énorme développement de la tête, qui est presque complétement dépourvue d'écailles et cuirassée.

GENRE UNIQUE. — **Chabot** (*Cottus*)

(de κόττα, tête).

25. — C. DE RIVIÈRE (*C. gobio*, Linn.). Vulg. *Têtard*. 12ᶜ. — C.C.

FAMILLE II.

PERCOÏDÉS.

Percoïdés, du Genre *Perca*, perche.

Car. — Deux nageoires dorsales, dont la première est armée d'aiguillons. Des dents aux deux mâchoires et au palais.

¹ { Les deux nageoires dorsales contiguës . . . . *Grémille*, ɪɪ.
{ Les deux nageoires dorsales séparées. . . . . *Perche*, ɪ.

GENRE I. — **Perche** (*Perca*).

πέρκη, *perca*, noms grec et latin de la perche ; de πέρκος, tacheté
de noir.

26. — P. COMMUNE (*P. fluviatilis*, Linn.).
      Verdâtre foncé sur le dos, avec des bandes trans-
      versales noires. — C. C.

GENRE II. — **Grémille** (*Acerina*)

(de ἄκερος, sans cornes, parce que leur opercule n'a pas d'épines).

27. — G. COMMUNE (*A. cernua*, Linn.). Vulg. *Perche goujon-
      nière*.
      Dos verdâtre foncé avec des taches brunes. — A. C.

ORDRE III.

JUGULAIRES.

Jugulaires, de *jugulum*, gorge.

CAR. — Poissons osseux, dont les nageoires de la deuxième paire
sont situées sous la gorge, en avant des pectorales.

FAMILLE UNIQUE.

GADOIDÉS.

Gadoïdés, de γαδός, nom grec d'un poisson inconnu, appliqué par
Artedi à la morue ; et εἶδος, forme.

CAR. — Corps allongé. Bouche largement fendue, à dents nombreuses et pointues.

Genre unique. — **Lotte** (*Lotta*).

Lotta, nom latin de la lotte.

28. — L. DE RIVIÈRE (*L. vulgaris*, Jenyns.).
Deux nageoires dorsales. Un barbillon au menton.
Corps presque cylindrique. — A. R.

———

ORDRE IV.

APODES.

Apodes, de ἀ privatif, et πoῦς, πόδος, pied, ou par extension
nageoire postérieure.

Car. — Poissons osseux, n'ayant jamais de nageoires de la deuxième paire, et quelquefois pas de pectorales, ni même de nageoires
impaires.

FAMILLE UNIQUE.

MURÉNIDÉS.

Murénidés, du Genre *Murœna*, Anguille.

Car. — Des nageoires pectorales et impaires.

Genre unique. — **Anguille** (*Murœna*).

μύραινα, *murœna*, noms grec et latin de l'anguille.

29. — A. COMMUNE (*M. anguilla*, Linn.).
C. C.
Les espèces admises par nos pêcheurs et par plusieurs naturalistes sous les noms de long-bec, de large-
bec, etc., ne me semblent pas suffisamment établies.

———

ORDRE V.

CHONDROPTÉRYGIENS

A BRANCHIES LIBRES

(de χόνδρος, cartilage, et πτέρυξ, aile, nageoire.

Car. — Poissons dont le squelette est fibro-cartilagineux. Pas d'écailles imbriquées.

FAMILLE UNIQUE.

STURIONIDÉS.

Sturionidés, de *sturio*, un des noms latins de l'esturgeon.

Car. — Bouche située au-dessous d'un museau très avancé.

Genre unique. — **Esturgeon** (*Acipenser*).

Acipenser, un des noms latins de l'esturgeon.

30. — E. ORDINAIRE (*A. sturio*, Linn.).
Corps protégé par des rangées d'écussons osseux.
Bouche dépourvue des dents.
Quelques individus ont été pris à longs intervalles dans l'Yonne, jusqu'à Auxerre.

ORDRE VI.

CYCLOSTOMES.

(de κύκλος, cercle, et στόμα, bouche; à cause de la bouche circulaire
des Lamproies).

Car. — Poissons à squelette cartilagineux. Plusieurs trous branchiaux de chaque côté du cou. Bouche sans mâchoires verticalement
mobiles.

FAMILLE UNIQUE.

PÉTROMYZONIDÉS.

Pétromyzonidés, du Genre *Petromyzon*, Lamproie.

Car. — Orifices branchiaux visibles à l'extérieur, de chaque côté
du cou.

Genre unique. — **Lamproie** (*Petromyzon*)

(de πέτρος, pierre, et μύζω, sucer (en latin : *lambere petras*, d'où,
par abréviation, lamproie); allusion à la faculté qu'ont les lamproies
de s'attacher aux pierres en faisant le vide à l'aide de leur ventouse
buccale.

A. — Anneau maxillaire complet. Bouche armée de dents sur plusieurs séries circulaires concentriques.

ESPÈCES.

1 { Les deux nageoires dorsales séparées. . . . . *L. de rivière*, I.
  { Les deux nageoires dorsales contiguës ou réunies, *L. sucet*, II.

81. — 1. L. DE RIVIÈRE (*P. fluviatilis*, Linn.).
Atteint 50ᶜ. — Les deux nageoires dorsales bien
distinctes. — R.

32. — 2. L. SUCET (*P. planeri*, Linn.).

Atteint 30ᶜ. — Les deux nageoires dorsales contiguës ou réunies. — A. R.

B. — Anneau maxillaire incomplet. Bouche inerme.

L. LAMPROYON (*P. branchialis*, Linn.). Vulg. *Chatouille*.

Long de 15 à 25ᶜ. — Corps vermiforme. Aug.Müller (*Ann. des Sc. nat., Zool.*, 1856, t. v) a montré qu'on a confondu sous ce nom les jeunes des deux espèces de Lamproie, lesquels ne diffèrent que par la forme de l'orifice buccal. — R.

VOCABULAIRE.

A

Adipeuse. — *Voyez* Nageoire.

Aile. — Organe de locomotion aérienne. — Je n'ai à m'occuper ici que de l'aile des Chauves-Souris et de celle des Oiseaux.

L'aile des Chauves-Souris est formée par une triple modification de la main. Les doigts sont divisés jusqu'à l'avant-bras, en d'autres termes, la paume n'existe pas ; ils sont extrêmement allongés, et enfin empêtrés dans une double membrane formée par un prolongement de la peau dorsale et de la peau ventrale, membrane qui ne laisse libre que le pouce et relie ensemble les quatre membres et la queue.

L'aile des Oiseaux est constituée par des plumes insérées sur le membre antérieur notablement transformé. On y retrouve sans difficulté le bras et l'avant-bras ; la main est réduite à trois doigts dont un pouce très court. C'est la main qui forme la partie de l'aile qui, dans le repos, est dirigée en arrière ; c'est elle qui porte les rémiges primaires (*V.* Rémige). Quand l'aile repliée dans le repos n'atteint pas l'extrémité de la queue, elle est dite plus courte que la queue ; elle est dite égale ou plus longue dans le cas contraire. D'une manière générale, quand l'aile repliée n'atteint pas le milieu de la queue, elle est dite *courte*, elle est dite *longue* dans le cas contraire.

Alaire. — *Ois*. Qui appartient à l'aile : couvertures alaires.

B

Baguette. — *Ois*. On désigne souvent sous ce nom la tige des plumes qui porte les barbes. La couleur des baguettes doit toujours être examinée sur leur face supérieure.

Barbes. — *Ois*. Divisions secondaires de la plume, parties de chaque côté de la tige, et portant elles-mêmes les barbules.

Barbillons. — *Poiss*. Petits appendices charnus situés autour de la bouche chez beaucoup de poissons.

Bifide. — Fourchu.

Branchie. — Organe de respiration aquatique constitué par des lamelles ou des houppes que baigne l'eau dans laquelle est plongé l'animal. On en distingue d'*externes*, qui flottent sur les côtés du cou, ex : larves de salamandres ; et d'*internes*, qui sont suspendues à des arcs solides dans le fond de la bouche, ex : les poissons, dont les branchies sont vulgairement nommées *ouïes*.

C

Chagrinée : Peau — . Peau couverte de petites élévations, comme la peau dite de chagrin.

Circulation. — Mouvement régulier du sang dans l'intérieur du corps. On emploie aussi ce mot pour désigner l'ensemble du trajet qu'exécute le sang parti du cœur pour revenir au cœur. Dans ce sens, la circulation est dite *simple*, quand le sang sorti du cœur s'en va directement aux organes après avoir traversé l'appareil respiratoire ; *double* quand, au sortir de l'organe respiratoire, il revient encore au cœur pour être de là lancé dans tout le corps. Dans le premier cas, en effet, le trajet du sang peut être représenté théoriquement par un simple cercle ; dans le second, il peut l'être par deux cercles tangents l'un à l'autre, par un 8 de chiffre. La circulation est encore dite *complète*, quand le sang que les veines rapportent vers le cœur est envoyé *en totalité* par cet organe dans l'appareil respiratoire ; *incomplète* quand *une partie* seulement est envoyée à cet appareil, le reste se mélangeant au sang que le cœur distribue au reste du corps.

Cire. — *Ois*. Membrane qui recouvre chez certains oiseaux la base de la mandibule supérieure, et dans laquelle sont percées les narines.

Clavicule. — Os qui s'étend transversalement de l'os médian de la poitrine (*sternum*), jusqu'à l'os basilaire de l'épaule (*omoplate*), auquel il sert de point d'appui. Parmi les Mammifères, cet os n'existe pas ou est rudimentaire chez les coureurs : Carnassiers, Léporidés, Ruminants, etc.

Commissure (du bec). — *Ois*. Sommet de l'angle formé par la réunion de la mandibule supérieure et et de l'inférieure.

Comprimé. — Se dit d'un objet (bec, tarse, etc), dont la dimension transversale est beaucoup moindre que les deux autres.

Couvertures. — *Ois*. Ce sont celles des plumes de l'aile qui recouvrent et protègent les rémiges ; on en distingue trois rangées superposées : les grandes, les moyennes et les petites.

Cutané. — Qui appartient à la peau, qui procède de la peau.

D

Dent. — Production dure, de nature spéciale (ivoire, émail, cément), implantée dans les os qui constituent la cavité buccale. Par extension, on a donné le nom de dent à de simples épaississements épidermiques (langue dentée du chat), et par comparaison à des découpures ou saillies aiguës. Les Poissons et les Reptiles présentent de véritables dents sur la plupart des os buccaux. Les Oiseaux n'en ont jamais. Les Mammifères en ont presque tous, et ces dents sont portées exclusivement sur les trois os qui forment les arcades maxillaires ; on les désigne sous trois noms différents : *incisives, canines* et *molaires*, qu'il importe de définir.

A la mâchoire supérieure, les *incisives* sont les dents implantées dans l'os dit *intermaxillaire* qui forme la partie antérieure de l'arcade ; les *molaires* sont les dents implantées dans l'os *maxillaire* qui forme le côté de l'arcade ; la *canine* est la dent qui prend racine dans l'os maxillaire, et sort entre cet os et l'intermaxillaire ; elle est donc intermédiaire aux incisives et aux canines.

A la mâchoire inférieure, la *canine* est la dent qui se trouve immédiatement en avant de la canine supérieure ; les *molaires* sont les dents situées en arrière de la canine ; les *incisives*, celles situées en avant.

On distingue encore les molaires d'un adulte en *fausses molaires*, lesquelles existaient lors de la première dentition, et ont été remplacées à la seconde, et *molaires vraies*, qui n'ont apparu qu'à cette seconde dentition.

Il est nécessaire d'insister sur ces définitions indépendantes des formes dentaires, parce que s'il est vrai, en général, que les incisives sont tranchantes, les canines longues et pointues, les molaires propres à la trituration, on voit quelquefois les dents d'une espèce revêtir l'apparence des dents d'une autre espèce. Chez les Musaraignes, chez les Taupes, une des incisives inférieures a été prise pour la canine, à cause de son allongement et du peu de développement de celle-ci. On pourrait citer bien d'autres exemples de semblables erreurs.

Quand un mammifère présente ces trois ordres de dents, sa *dentition* est dite *complète*.

Déprimé. — Se dit d'un objet (bec, etc.), dont la dimension verticale est beaucoup moindre que les deux autres.

Derme. — Partie profonde de la peau.

Disque facial. — *Ois*. Cercle de plumes de disposition rayonnée qui entoure la face de certains oiseaux.

Distique. — Disposé sur deux rangs, comme les barbes d'une plume ; se dit des poils de la queue de certains mammifères, etc. (Ecureuil, etc.).

Doigts. — Les doigts sont comptés du plus interne au plus externe : le plus interne, ou pouce, porte donc le n° 1. Quand il manque un doigt, c'est-à-dire lorsqu'il n'y en a que quatre chez les Mammifères, et que trois chez les oiseaux, ce doigt est toujours le pouce, et le plus interne dans ce cas porte le n° 2.

E

Ecaille. — Les *vraies écailles* sont des productions de la peau analogue aux plumes et aux poils ; elles naissent dans un sac spécial, et sont isolées ; les poissons seuls en possèdent.

Les *fausses écailles* des Reptiles sont formées par des saillies de la peau, sur lesquelles se moule un épiderme épaissi. Aussi elles sont continues, et ne peuvent être isolément arrachés.

Ecussonné. — *Ois. V.* SCUTELLE.

Envergure. — Distance comprise entre les extrémités des deux ailes étendues au maximum.

Epiderme. Partie superficielle de la peau.

Etagée : Queue—. *Ois.* Queue dont les pennes vont en décroissant assez rapidement, des médianes vers les latérales (ex. Pie).

G

Grivelé : Plumage—. *Ois.* Plumage marqué de petites taches foncées, sur un fond clair, comme celui de la grive.

I

Imbriquées : Ecailles—. Ecailles qui se recouvrent l'une l'autre comme les tuiles d'un toit.

Inerme. — Sans armes : bouche—, bouche sans dents.

Inguinal. — De la région de l'aine.

Inter-fémorale : Membrane—. *Mam.* Membrane qui réunit les membres postérieurs chez les Chauves-Souris.

Iris. — Membrane de l'œil, dont une ouverture forme la pupille ; c'est sa couleur qui détermine celle de l'œil.

J

Jambe. — Deuxième segment du membre postérieur. Ne pas confondre chez les Oiseaux la jambe avec le tarse.

L

Larmiers. — *Mam.* On appelle ainsi deux petites excavations glandulaires qui existent chez les Cerfs en avant et un peu au-dessous des yeux.

Ligne latérale. — *Poiss.* On désigne sous ce nom une ligne fort apparente sur le flanc des Poissons, marquée généralement de taches, de saillies, de couleurs spéciales, et qui correspond à un intervalle musculaire.

Longueur. — du bec : *Ois.* Se compte sur la mandibule supérieure, depuis l'endroit où finissent les plumes du front.

— du corps : *Mam.*, *Rept.* Se compte du bout du museau à l'anus.

— du doigt médian : *Ois.* Se compte sans l'ongle.

— de la queue : Se compte à partir de l'anus.

— du tarse : *Ois.* Se compte sur la face antérieure depuis l'articulation de la jambe avec le tarse jusqu'au pied.

— de la tête : *Ois.* Se compte depuis la base du bec jusqu'à la partie la plus saillante en arrière.

— totale : *Mam.*, *Rept.* Du museau, et *Ois.* du bout du bec à l'extrémité de la queue.

Lorum. — *Ois.* Espace compris entre l'œil et la base du bec

M

Mandibule. — *Ois.* Une des deux parties du bec.

Marche digitigrade. — *Mam*. Marche dans laquelle les doigts seuls appuient à terre.

— **plantigrade**. — *Mam*. Marche dans laquelle la paume de la main et la plante du pied appuient complètement à terre.

Miroir. — *Ois*. Espace nettement déterminé par sa couleur et sa forme qu'on remarque sur l'aile de certains oiseaux. (Canards, etc.)

N

Nageoire. — Organe de locomotion aquatique. — Les nageoires des poissons, les seules dont nous devions nous occuper, sont de deux sortes. Les unes sont de simples prolongements de la peau, soutenues ou non par des rayons osseux ; on appelle suivant leur position : *dorsales*, celles qui s'élèvent sur le dos, *caudale*, celle qui termine la queue; *anales*, celles qui sont en arrière de l'anus ; une nageoire molle, sans rayons, existe chez les Salmones : on la nomme *adipeuse*. Les autres nageoires sont de véritables membres très modifiés dans leur forme ; la paire antérieure est de position constante et fixée au-dessous des ouïes par une ceinture osseuse : ce sont les nageoires *pectorales* ; l'autre paire, qui correspond aux membres postérieurs, est dite paire *ventrale*, et cependant varie singulièrement dans la position qu'elle occupe, depuis la région abdominale jusqu'à la région jugulaire.

O

Ongle. — Production cutanée, de nature cornée, qui protège et arme, mais sans l'envelopper, la dernière phalange des doigts. Lorsque l'ongle ou plutôt la phalange qui le porte est, pendant le repos, ramené en arrière par l'effet d'un ligament élastique, l'ongle est dit *rétractile* ; ex : les ongles des chats.

Onglet. — *Ois*. Pièce distincte qui termine le bec de certains oiseaux ; ex : canard.

Opercule, — *Poiss*. *V*. TROUS BRANCHIAUX.

Oreillon. — *Mam.* Appendice membraneux formé par un repli de l'oreille, qui se trouve en avant du conduit auditif chez les Chauve-Souris; il correspond au *tragus* de l'homme.

Ovipare. — Animal qui pond des œufs.

Ovovivipare. — Animal dont les œufs éclosent dans l'intérieur du corps.

P

Palmé : Pied—. Se dit d'un pied dont les doigts (sauf quelquefois le pouce), sont réunis par une membrane qui s'étend jusqu'à leur extrémité. Dans l'intervalle des doigts, cette membrane peut être échancrée, lobée, de façon diverse (ex : Grèbe, etc.); mais toujours elle existe sans laisser aucun des doigts antérieurs libre jusqu'à la base. Il importe d'insister sur ce détail, parce qu'on rencontre de fausses palmures (ex : Foulque), qui peuvent mettre dans l'erreur les commençants.

Papilleux. — Hérissé de saillies molles, dites *papilles*.

Parotide. — *Amph.* On désigne sous ce nom, fort impropre, le gros amas de glandes venimeuses qui se trouve sur le côté du cou chez les Crapauds et les Salamandres.

Pectoral. — De la région de la poitrine.

Penne. — Grandes plumes, généralement raides et élastiques, qui forment l'aile : *Rémiges*, et la queue : *Rectrices*.

Phalange. — Un des segments qui constituent un doigt. Les phalanges sont numérotées à partir de la main; la plus voisine du corps est la première phalange; la plus éloignée, qui porte l'ongle, est dite *phalange unguéale*.

Pharynx. — Fond de la cavité buccale.

Pouce. — Doigt le plus interne, la paume de la main ou la plante du pied reposant à terre. Chez les Oiseaux, le pouce est presque toujours postérieur.

Poumon. — Organe de respiration aérienne situé à l'intérieur du corps, communiquant avec l'extérieur par la bouche et surtout les fosses nasales, formé par un sac plus ou moins subdivisé en ramifications quelquefois infinies.

Pupille. — Ouverture de la membrane *Iris*, par laquelle passent les rayons lumineux. Cette ouverture peut être circulaire, elliptique, en fente verticale ou transversale, ou triangulaire, etc.

R

Rectrice. — *Ois*. Penne de la queue.

Rémige. — *Ois*. Penne de l'aile. — On divise les rémiges en : 1º *Rémige bâtarde*, celle, très petite en général, qui s'insère au pouce; 2º *Rémiges primaires*, celles qui s'insèrent à la main : ce sont elles que l'on compte quand on dit 1ʳᵉ, 2ᵉ rémige; 3º *Rémiges secondaires*, celles qui naissent de l'avant-bras; elles ne sont pas, comme les primaires, indispensables au vol.

Les rémiges primaires sont toujours au nombre de dix; mais, souvent (chez un très grand nombre de Passereaux), la première, c'est-à-dire la plus externe, est extrêmement réduite dans ses dimensions ; parfois même on a peine à la retrouver. La plupart des auteurs lui ont alors malheureusement attribué le nom de penne ou rémige bâtarde, et la négligent en comptant les rémiges : la seconde devient ainsi la première, etc..... Je n'ai pas cru devoir changer ce mode de supputation généralement admis, à cause de sa commodité ; ce que je viens de dire suffira pour mettre en garde contre l'erreur. (*V.* AILE.)

Respiration. — Acte physico-chimique constitué par un échange gazeux, dont le résultat est de restituer au sang l'oxygène nécessaire pour entretenir la vie. Suivant le milieu où elle s'exerce, la respiration est dite *aérienne* ou *aquatique* ; suivant les organes où elle s'opère, *pulmonaire* (*V.* POUMON), *branchiale* (*V.* BRANCHIE) ou *cutanée*.

Réticulé. — *Ois*. *V.* SCUTELLE.

Rétractile. — *V.* ONGLE.

S

Sabot. — *Mam.* Production cutanée, de nature cornée, qui enveloppe la dernière phalange des doigts, et sur laquelle l'animal s'appuie en marchant ; ex : Cheval.

Scapulaires. — *Ois.* Ce sont les plumes qui naissent sur le dos, à la réunion de l'aile avec le corps.

Scutelles. — *Ois.* Fausses écailles qui recouvrent le tarse. Quand les scutelles sont petites et à peu près toutes égales, les tarses sont dits *réticulés* ; quand sur un fond réticulé existent quelques scutelles plus grandes, celles-ci sont nommées des *écussons*, et les tarses sont dits *écussonnés*.

Serre. — *Ois.* Pied préhenseur, lacérateur, armé d'ongles puissants et rétractiles. Cette forme du pied appartient exclusivement aux Oiseaux de proie.

Sétacées. — *Ois.* Se dit des plumes réduites à leur tige et aux tiges de leurs barbes, et très grêles : en forme de soie.

Sous-caudales : Plumes—. *Ois.* Plumes situées immédiatement sous la queue, en arrière de l'anus.

Spatuliforme. — Elargi à l'extrémité, comme une spatule de pharmacien,

Subulé : Bec—. *Ois.* Bec faible, pointu, en forme d'alène.

Sus-caudales : Plumes—. *Ois.* Plumes du croupion, qui recouvrent immédiatement les rectrices.

T

Tarse. — On appelle *tarse*, chez les oiseaux, le 3e segment du membre inférieur, celui qui précède immédiatement le pied.

Tibial. — De la région du *tibia*, os interne de la *jambe*.

Trous branchiaux. — On appelle ainsi les trous par lesquels l'eau sort après avoir baigné les branchies. Chez la plupart des poissons, il n'y a qu'un de ces trous de chaque côté du cou, et ce

trou est en partie fermé par un battant mobile nommé *opercule* ;
les Cyclostômes seuls, parmi les poissons d'eau douce, en présentent plusieurs.

Tympan ou **Membrane du Tympan**. — Membrane qui
se trouve au fond du conduit auditif, et clot l'oreille moyenne.
Ce conduit n'existant pas chez certains animaux (Lézards, etc.),
la membrane du tympan est en affleurement de la peau, et visible
au dehors.

U

Unguéale. — *V*. PHALANGE.

Unguiculé : Bec—. *Ois*. Se dit d'un bec terminé par un *onglet*.

V

Versatile : Doigt—. *Ois*. Se dit d'un doigt qui peut se diriger
à volonté en avant et en arrière.

Vertex. — Sommet de la tête.

EXPLICATION DE LA PLANCHE I.

Fig. 1. — Patte de Chat (squelette), montrant les doigts terminés par des ongles, ou mieux par des phalanges unguéales rétractiles, en état de rétraction comme pendant la marche.

Fig. 2. — Patte de Sanglier (squelette), montrant les doigts terminés par des sabots.

Fig. 3. — Mâchoires de Chien, où sont indiquées à la mâchoire supérieure les incisives *i*, les canines *c*, les fausses molaires *f.m.*, et les molaires *m*, parmi lesquelles la carnassière *k* et les tuberculeuses *t*.

Fig. 4. — Mâchoire supérieure de Lièvre : *I* grandes incisives antérieures, *i* petites incisives postérieures, *b* barre, *m* molaires.

Fig. 5. — Oreille de Vespertilion noctule, avec l'oreillon *o* en forme de hâche.

Fig. 6. — Oreillon de V. pipistrelle (en couteau coudé).

Fig. 7. — Oreillon de V. sérotine (en couteau coudé).

Fig. 8. — Oreillon de V. natterer (en couteau droit).

Fig. 9. — Oreillon de V. à moustaches (en couteau droit).

Fig. 10. — Oreillon de V. de Daubenton (en couteau droit).

Fig. 11. — Oreillon de V. murin (en couteau droit).

Fig. 12. — Oiseau (figure schématique) pour l'indication des différentes parties : *m s* mandibule supérieure, — *m i* mandibule inférieure, — *n* narine, — *l* lorum, — *v* vertex, — *g* gorge, — *c* cou, — *p* poitrine, — *a* abdomen, — *s c* sous-caudales, — *r* rectrices. — R rémiges primaires, — R' rémiges secondaires, — R" rémiges tertiaires, — *sc*, scapulaires, — *m* manteau, — *g. c* grandes couvertures, — *m. c* couvertures moyennes, — *p. c* petites couvertures, — *j* jambes, — *t* tarses, — *p* pouce, — *d e* doigt externe.

Fig. 13. — Tête d'Oiseau de proie, montrant le bec crochu, muni d'une cire *c*.

Fig. 14. — Tête de Bondrée, montrant le lorum garni de plumes, la narine inclinée en avant.

Fig. 15. — Tête de Milan royal, montrant le lorum garni de poils, et le bec muni d'un feston *f*.

Fig. 16. — Tête de Faucon pèlerin, montrant la dent *d* à la mandibule supérieure.

Fig. 17. — Tête de Circaète Jean-le-Blanc, montrant la narine verticale.

Fig. 18. — Bec de Chouette effraie, montrant la cire recouverte de plumes sétacées.

Fig. 19. — Bec de Pie-grièche grise, montrant la dent de la mandibule supérieure.

Fig. 20. — Bec de Bec-croisé vulgaire.

Fig. 21. — Bec de Fauvette à tête noire (coupe des deux mandibules), pour montrer que les bords de la mandibule supérieure s'écartent indéfiniment l'un de l'autre.

Fig. 22. — Bec de Bruant zizi (coupe) montrant le tubercule osseux du palais *t* et les bords de la mandibule supérieure rentrant en dedans.

Fig. 23. — Bec d'Accenteur mouchet (coupe), pour montrer comment les deux bords de la mandibule supérieure rentrent en dedans.

Fig. 24. — Bec de Pigeon colombin, montrant la membrane renflée qui recouvre la mandibule supérieure.

Fig. 25. — Bec de Chevalier arlequin, montrant le sillon *s* des narines qui s'étend à peine jusqu'à la moitié du bec.

Fig. 26. — Bec de Combattant ordinaire, dont le sillon des narines va presque jusqu'au bout du bec.

Fig. 27. — Bec de Foulque macroule, avec la plaque frontale *p*.

Fig. 28. — Bec de Stercoraire, montrant la membrane qui recouvre en grande partie la mandibule supérieure.

Fig. 29. — Bec d'Oie cendrée, montrant les lamelles dentelées de la mandibule supérieure, la position médiane des narines, et l'onglet *o*.

Fig. 30. — Bec de Canard souchet, montrant les longues lamelles de la mandibule supérieure, la dilatation spatuliforme de celle-ci et la position élevée des narines.

Fig. 31. — Bec de Harle, montrant les dents en scie qui garnissent les deux mandibules.

A. Laquet del.   Debray sc.

Vertébrés de l'Yonne.

EXPLICATION DE LA PLANCHE II.

—

Fig. 1. — Patte de Milan royal.

Fig. 2. — Patte d'Autour ordinaire, montrant les scutelles ou écussons *sc* qui revêtent la face antérieure du tarse.

Fig. 3. — Patte de Circaète Jean-le-Blanc, montrant les doigts courts et la partie nue du tarse réticulée.

Fig. 4. — Patte de Torcol verticille, montrant le doigt externe *d. e* dirigé en arrière comme le pouce *p.*

Fig. 5. — Patte de Fauvette babillarde, montrant le tarse recouvert en avant presque complétement par une scutelle unique *sc.*

Fig. 6. — Patte de Merle draine, montrant le tarse recouvert en avant par plusieurs scutelles à peu près égales.

Fig. 7. — Patte de Martinet noir, montrant les quatre doigts dirigés en avant.

Fig. 8. — Patte de Martin-pêcheur alcyon, montrant le doigt externe *e* uni à celui du milieu *m* jusqu'à l'avant-dernière articulation.

Fig. 9. — Patte de Spatule, montrant la petite membrane *m* qui unit chez beaucoup d'échassiers la base du doigt médian à celle de l'externe.

Fig. 10. — Pied de Bécasse ordinaire, type de pied d'échassier sans membrane.

Fig. 11. — Pied de Foulque macroule, montrant la large membrane festonnée qui règne le long de chaque doigt.

Fig. 12. — Pied de Totipalme, montrant le pouce *p* pris dans la palmature.

Fig. 13. — Pied de Fuligule, montrant la large membrane qui borde le pouce.

Fig. 14. — Pied de Canard sauvage, montrant le pouce sans membrane.

Fig. 15. — Pied de Grèbe, montrant la palmature découpée en lobes.

Fig. 16. — Tête de Lézard gris, montrant le disque massétérin *d.*

Fig. 17. — Écailles carénées d'Ophidien.

Fig. 18. — Tête de Couleuvre vipérine, montrant les larges plaques qui recouvrent entièrement le dessus de la tête.

Fig. 19. — Tête de Vipère péliade, montrant les larges plaques qui recouvrent en partie le dessus de la tête.

Fig. 20. — Tête de Vipère commune, montrant la tête recouverte d'écailles avec une assez grande plaque hexagonale entre les yeux.

Fig. 21. — Tête de Vipère, montrant la langue bifurquée *e* et *d* les dents vénimeuses percées d'un canal, destinées à se remplacer successivement; *g* la glande à venin, *c* le canal qui conduit le venin à la base de la dent.

Fig. 22. — Partie antérieure du corps de Lamproie, montant la bouche circulaire et les sept trous branchiaux percés sur les côtés du cou.

Fig. 23. — Saumon, pour montrer l'ouverture des ouïes *o*, la ligne latérale *ll*, et les différentes nageoires : *p* pectorales, *v* ventrales, *a* anale, *d* dorsale, *c* caudale, *ad* adipeuse.

Fig. 24. — Nageoire dorsale de Carpe, montrant son deuxième rayon épineux et dentelé, et les autres rayons mous.

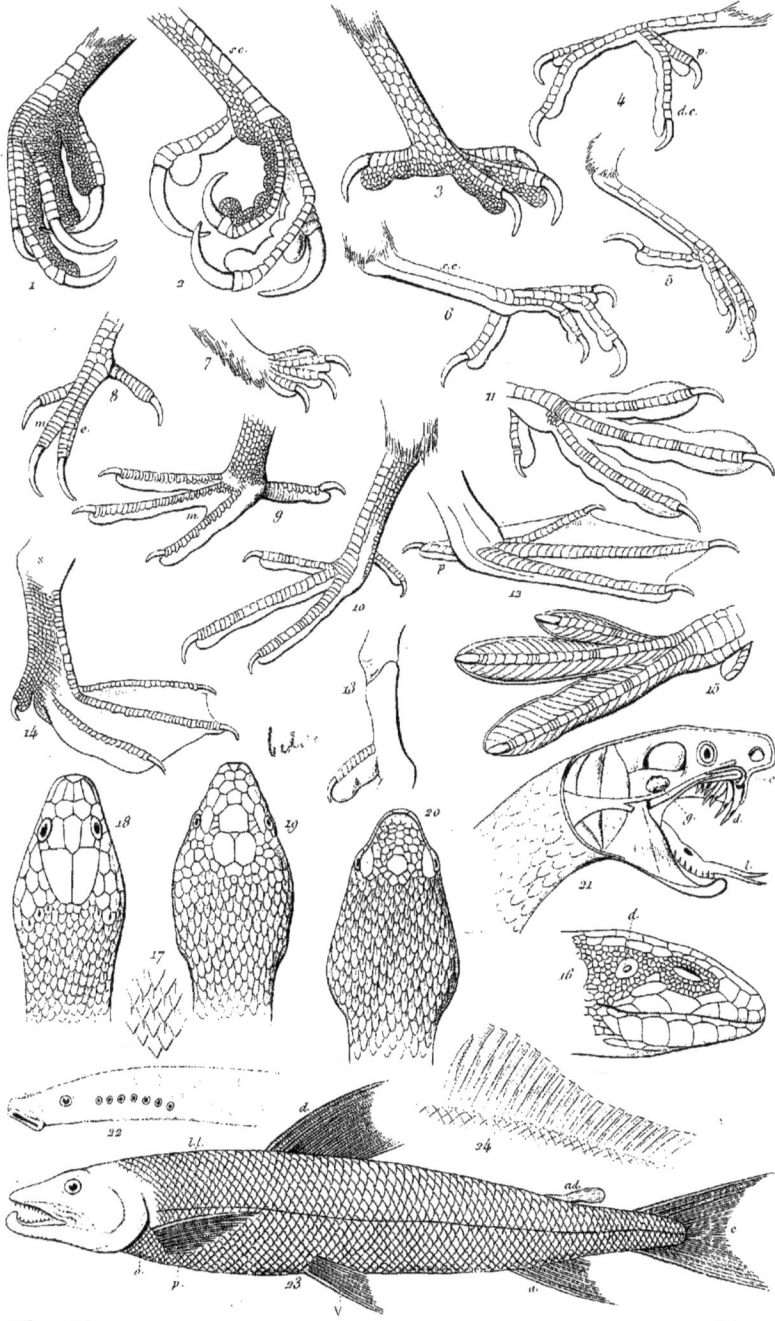

A. Paquet del.   Debray sc.

Vertébrés de l'Yonne.

TABLE ALPHABÉTIQUE.

—

TABLE DES MATIÈRES.

ERRATA.

P. xviii, dernière ligne, au lieu de : *mais suffisante au moins, lorsque*, lisez : *mais suffisante. au moins lorsque*....

P. 18, ligne 9, au lieu de : *leucoden*, lisez *leucodon*.

P. 23, ligne 18, au lieu de : $\Lambda \tilde{\iota} o \varsigma$, lisez : $\Delta \tilde{\iota} o \varsigma$.

P. 24, ligne 16, au commencement de la ligne rétablissez le signe ♀ qui a été oublié.

P. 36, ligne 20, au lieu de : *située*, lisez : *striée*.

P. 37, ligne 11. au lieu de : *platron* (lisez : *plastron*.

P. 39, ligne 5, au lieu de *B. F. Rousserolle*, lisez : *R. Turdoide*. Pour les noms français de toutes les espèces du genre Rousserolle, remplacez le *B. F.* par un *R.*, et pour les noms latins l'*S* par un *C*.

P. 57, pour les noms français de toutes les espèces du genre Pigeon, remplacez le *C* par un *P*.

P. 63, au lieu de : *Sultrirostres*, lisez : *Cultrirostres*.

P. 79, ligne 14, au lieu de *Bewkii*, lisez : *Bewickii*.

P. 93, supprimer la ligne 5.

P. 97, ajouter aux caractères de la classe des poissons :

Ovipares, ou quelquefois ovo-vivipares.

Respiration branchiale.-- Circulation simple et complète.—Température variable.

P. 112, ligne 8, au lieu de : *parties*, lisez : *partant*.